Naturbaustoff Lehm

Klaus Schillberg Heinz Knieriemen

Naturbaustoff Lehm

Moderne Lehmbautechnik
in der Praxis – bauen und sanieren
mit Naturmaterialien

AT Verlag

Für die Mitarbeit am Buch und viele wertvolle Anregungen danken wir:

Hans Baumann, Dorte Baumgart, Peter Breidenbach, Carola Beck, Peter Ehrenzeller, Werner Ehrich, Anne-Marie Friedel, Klaus Holzberg, Wolfgang Hrapia, Sylvia Hungar, Marcel Kalberer, Christian Köllner, Roger Krötz, Sonja Matt, Wolfgang Maloszek, Michael Nothhelfer, Martin Rauch, Sabine Scheffel, Raimund Stewen, Ernst Sturzenegger, Bernard Stofer, Klaus Wilk, Paul Wolf, Barbara Wimmel.

AT Verlag Aarau/Schweiz
Satz, Lithos und Druck: Grafische Betriebe
Aargauer Tagblatt AG, Aarau
Bindearbeiten: Buchbinderei Burkhardt AG,
Mönchaltorf-Zürich
Printed in Switzerland

ISBN 3-85502-466-9

Inhalt

Naturbaustoff Lehm – ein Buch aus der Praxis für die Praxis

Eine Ausfachung wird durch den Bewurf mit einem Stroh-Lehm-Gemisch wieder hergestellt.

Naturbaustoff Lehm beginnt da, wo andere Lehmbücher aufhören: beim Hausbau mit Lehm. An Beispielen aus der Praxis werden moderne Lehmbautechniken mit allen wichtigen Konstruktionsdetails erläutert. Dabei schöpft Klaus Schillberg aus seiner reichen Erfahrung als Lehmbauer, Restaurator historischer Fachwerkhäuser, Veranstalter von Lehmbaupraxisseminarien und Betreuer von Selbstbaustellen. Mit «Ökologie in der Regio», einem Netzwerk von Baufirmen im Bereich Baubiologie, war er bei über zweihundert Hausbauprojekten für die Beratung und Ausführung historischer und moderner Lehmbautechniken verantwortlich oder daran beteiligt. Er hat mit seiner Arbeit dem modernen Lehmhausbau und der Fachwerksanierung wichtige Impulse verliehen und gibt sein Wissen in Seminarien und auf Baustellen in Theorie und Praxis weiter. Einen Schwerpunkt seiner Arbeit bildet die Selbstbaubetreuung. Direkt am Grundstück werden die zu wählenden Lehmbautechniken erprobt und festgelegt. Es sind vor allem diese praktischen Erfahrungen, die Konstruktionsdetails für Wand-, Decken- und Dachaufbauten, die Empfehlungen für Verputze, Farben, Kleber, Lehmmischungen, aber auch für Heizsysteme, Regenwassersammelanlagen, Humustoiletten, Lehmbauinnovationen und Naturbaustoffe, die dieses Buch für Lehmbauerinnen und Lehmbauer so wertvoll machen. Der Fachtechnische Teil (ab Seite 85) bietet sowohl Selbstbauern als auch Architekten und Handwerkern umfassende Informationen.

Heinz Knieriemen, Journalist und Redakteur der in der Schweiz und in Deutschland erscheinenden Zeitschrift «Natürlich», hat sich vor längerer Zeit auf den Weg gemacht, Lehm zu begreifen – im wörtlichen wie im übertragenen Sinn. An Seminarien und auf Baustellen von «Ökologie in der Regio» lernte er Lehm als natürliches, hautfreundliches, gesundes Baumaterial kennen.

Der Ofenbauer und Künstler Roger Krötz öffnete ihm Wege zum kreativ-gestalterischen Umgang mit Lehm. Marcel Kalberer («Rock'n'Roll der Architektur») schaffte Zugang zu innovativem Nonsens, zu fröhlich-verspieltem Bauen, experimentellem Selbstbau und zu neuer Bauweise für soziale gemeinschaftliche Lebensformen, zum heiteren Suhlen und Tummeln in Lehm. Heinz Knieriemen liess sich von der Lehmbaubegeisterung anstecken. Er überzeugte sich bei liebenswerten, zuvorkommenden Gastgeberinnen und Gastgebern davon, dass sich in Lehmhäusern gut leben und frei atmen lässt. Für seine Familie, Freunde und Bekannte plant er eine Lehmsiedlung – handwerklich-würdevoll erbaut. Dies letztlich eine Grundvoraussetzung für ein Wohnklima, das ein gemeinschaftlich-schöpferisches Leben ermöglicht.

Schöne Eingangspartie in Lehm mit Treppenaufgang, gestaltet durch Roger Krötz.

Lust auf Lehm – Liebeserklärung an einen Baustoff

Lehm ist ein Baustoff, der sich in den Naturkreislauf von Werden und Vergehen einfügt. Erde zu Erde – der Weg des Ursprünglichen, von dem wir uns gerade mit unseren modernen Bauweisen immer mehr entfernt haben. Lehm eignet sich für die unterschiedlichsten Wand- und Fussbodenaufbauten, als Füllmaterial für Decken, zur Erhöhung des Schallschutzes und der Wärmespeicherfähigkeit, zur Wärmedämmung im Dachbereich und als Putz. Lehm dient als Baustoff für handwerklich befriedigende Arbeit, ist selbstbaufreundlich und bietet sich für kreativ-künstlerische Gestaltung an. Im Hausbau wird Lehm – richtig eingesetzt – auch heute noch allen ökologischen und ökonomischen Anforderungen gerecht. Wie konnte ein so natürlicher, gesunder, menschengerechter Baustoff vergessen gehen und verdrängt werden?

Was wie eine heimliche Liebeserklärung, ein Plädoyer für einen Naturbaustoff klingt, war über viele Jahrhunderte selbstverständlicher Ausdruck eines naturverbundenen Handelns. Seit Menschengedenken errichten sich die Erdbewohner ihre Häuser selbst mit am Ort vorkommenden Baumaterialien, in der Regel Lehm und Holz. Dies gilt nicht nur für Länder in warmen Regionen, sondern auch für das europäische Festland mit dem teilweise feucht-kalten Klima. Unsere keltischen Vorfahren erstellten kuppelartige Bauten in Flechttechnik und bewarfen diese von innen und aussen mit einem Gemisch aus Strohhäcksel und Lehm. Die Weiterentwicklung daraus ist das allseits bekannte Fachwerkhaus. Man baute eine schöne, sichtbare, tragende Holzkonstruktion, deren Gefache mit Weidengeflecht versehen und von innen und aussen mit Strohlehm beworfen wurden. In Gegenden, in denen Holz Mangelware war, errichtete man massive Stampflehmhäuser oder Lehmziegelbauten aus Massivlehmsteinen. Diese historischen Lehmtechniken sind in Deutschland, der Schweiz, in Frankreich und Österreich verbreitet. Sie haben sich bestens bewährt, wie jahrhundertealte Fachwerk- und Massivlehmgebäude mit meist hervorragend erhaltener Bausubstanz beweisen.

Lehm hat also seine Bewährungsprobe auch bei uns längst bestanden. Es gibt heute allein in Deutschland nach zuverlässigen Schätzungen etwa 2,2 Millionen Lehmhäuser, der überwiegende Teil davon Fachwerkhäuser, jedoch auch eine grosse Zahl (etwa 200 000) Massivlehmgebäude. Das älteste in den Grundstrukturen noch intakte (in den letzten Jahren renovierte) Fachwerkhaus in Deutschland stammt aus dem Jahre 1270. Bauschäden an solch alten Häusern sind meist darauf zurückzuführen, dass diese in neuerer Zeit nicht fachgerecht und mit modernen, ungeeigneten Baustoffen saniert worden sind. Ohne solche Eingriffe wirkt der Lehm im Fachwerk aufgrund seiner geringeren Gleichgewichtsfeuchte als ausgezeichneter Holzkonservator.

Lehm als Zeichen unserer Lebenseinstellung

Die Zeit ist reif für eine Wiederbesinnung auf den Hausbau mit Lehm und Naturbaustoffen. Jahrhundertealtes Wissen und neue praktische Erfahrungen sollten endlich umgesetzt und wieder angewandt werden. Lehmhäuser sind nämlich auch in unserer Zeit wirtschaftlich, umweltfreundlich, gesund und behaglich. Wände aus Lehm sind statisch belastbar, frost- und feuersicher. Lehm bietet ausserdem ideale Selbstbaumöglichkeiten: Aus einem Material, das in der Regel beim Baugrubenaushub gratis anfällt, kann bei minimalem Einsatz von Maschinen in handwerklicher Arbeit ein Haus erstellt werden, bei dessen Bau unter kompetenter Anleitung jeder, auch Kinder, mithelfen können.

Lehmbau erfordert wenig Energie, trocknen doch die Bauteile an der Luft. Sie müssen nicht wie Backsteine unter enormem Energieeinsatz gebrannt oder wie Zement unter grossem energetischem Aufwand hergestellt werden. Für die Produktion von gebrannten Ziegeln zum Bau eines Einfamilienhauses werden etwa 20 000 Liter Heizöl benötigt – ein unverantwortlicher Energieverschleiss.

Bauen mit Lehm eröffnet viele Möglichkeiten. Die umweltschonende, sanfte Bauweise macht die Arbeit des Menschen wieder zum Fest, stellt ihn in den Mittelpunkt und drängt ihn nicht an den Rand ab. Darüber hinaus übt Lehm in seiner reinen Form Heilwirkungen aus. Er wird als Heilerde seit Jahrtausenden zur Entschlackung und Reinigung der Haut verwendet und in der Naturmedizin u. a. bei Magenleiden benützt. An mehreren Baustellen fanden wir diese Heilwirkung von Lehm bestätigt. Die Frau eines Zimmermanns, der ein Projekt für einen Gewerbebau mit angegliederter Wohnung in Holzleichtlehm ausführte, überwand kurze Zeit nach dem Einzug ihre hartnäckige Neurodermitis. Bei Kindern, die unter Asthma mit chronischen Hustenanfällen litten, traten zwei Monate nach dem Einzug in das neue Lehmhaus die Krankheitssymptome nicht mehr auf.

In Stampflehmtechnik errichtetes Zschokke-Haus (siehe Seite 78) und Wohnhaus eines Textilindustriellen, in Pisé-Bauweise im appenzellischen Bühler errichtet – beide um das Jahr 1850 erbaut.

Früher ein Privileg – und die Realität heute

In anderen Kulturkreisen gilt es als ein Privileg, in einem Lehmhaus wohnen zu dürfen. So ist etwa der japanische Kaiserpalast mit Lehmwänden ausgestattet. In Mexiko und den Südstaaten der USA gilt Lehm als ein Baustoff der Oberschicht. Wir kennen beeindruckende Werke der Baukunst – Kathedralen, Türme, Dörfer, Moscheen –, die in Lehm errichtet wurden. Japaner beherrschen die Oberflächenbehandlung von Lehm so meisterhaft, dass man sich in den Wänden spiegeln kann.

Kreativität, Mut und ein Ausbrechen aus dem sattsam bekannten Einheitsmuster zeichnen jedoch auch das Bauen mit Lehm und Naturbaustoffen nicht immer aus. Oft verhindert das Festhalten an Überliefertem neue richtungsweisende Lösungen. Der konservative Charakter der meisten Häuser ist unübersehbar, aber verständlich, zumal der Rahmen dessen, was in Deutschland, der Schweiz und Österreich möglich ist, durch die baubehördliche Bürokratie immer noch eng gesteckt ist. Eine Entwicklung hin zu familien- und kindergerechtem Siedlungsbau unter Bewahrung alter, bestehender Bausubstanz ist nötig und wünschbar. Dies benötigt Zeit und setzt viele Erfahrungen im Detail voraus. Das Öko-Haus in der Berner Felsenau mit Holzleichtlehmwänden über drei Geschosse wäre ohne die

praktische Kleinarbeit im Einfamilienhausbau, ohne die Summe der Erkenntnisse aus Versuchen, Erfahrungen, Freuden und Frust, nicht zustande gekommen. Die Lehmbauerfahrungen von mehreren Dutzend Jugendlichen, Architekten und Handwerkern in der Felsenau werden zudem mehr Breitenwirkung für den Lehmbau haben als jahrelange akademische Forschung.

Etwas vom Unkalkulierbaren nehmen

Selbstverständlich bedeutet Lehmhausbau – gestern wie heute – nicht nur Idylle, Plausch und Spass. Bauhappening mit Lehm ist eine Sache, Hausbau eine andere. Lehmhauspioniere wie etwa Klaus Schillberg von «Ökologie in der Regio», Breisach, oder der St. Galler Architekt Ernst Sturzenegger mussten bitteres Lehrgeld zahlen und bald erkennen, dass es keinen Sonderfall Lehm gibt. Ob mit Lehm und Naturbaustoffen oder mit gebrannten Steinen und Zement ein Haus erstellt wird – als erstes kommt immer die Frage: Wie lang ist die Bauzeit? Und was kostet der Bau? Um auf solche Fragen gültige Antworten geben zu können, musste der traditionelle Lehmbau die Zeichen der Zeit erkennen. Eine gewisse Professionalisierung, eine handwerkliche Ausrichtung, die dem Lehm etwas von seiner Unkalkulierbarkeit nahm, war im Bereich Hausbau unumgänglich. Wer hat heute schliesslich noch Zeit und Geduld, den langwierigen Trocknungsprozess einer gestampften Strohlehmwand bis zur Weiterbearbeitung abzuwarten? Der Lehmbau musste, um den Anforderungen der Zeit gerecht zu werden, auch wintertauglich sein. Dazu liefern die Trockenlehmtechniken einen wichtigen Beitrag. Strohlehmsteine für die Aussenwände können wie auch Massivlehmziegel in gemeinsamer Arbeit mit der Familie, Freunden und Bekannten geformt, getrocknet, palettiert und später vermauert werden. So geschah es im vorgestellten Projekt der Familie Schuler. Voraussetzung dafür sind Zeit, Geduld und auch genügend Platz, um die Steine witterungsgeschützt aufzubewahren.

Heute liefern spezialisierte Fachbetriebe Stroh- und Holzlehmziegel, Massivlehmziegel und Fertiglehmpulver sowie weitere Naturbaustoffe, wie sie in vielen der vorgestellten Projekte verwendet werden. Gerade diese neuen Möglichkeiten der Trockenlehmtechniken haben den Lehmbau belebt und gefördert.

Wertewandel und Rückbesinnung

In Zeiten der Hochdämm-Euphorie können wir kaum mehr nachvollziehen, dass unser Körper sich gerade dann wohlfühlt, wenn wir uns im Haus nicht gänzlich gegen alle Umwelteinflüsse abschotten. Tages- und Jahreszeitenrhythmus, die relative Kühle des Abends und die Wärme des hereinbrechenden Tages, das Werden und Vergehen der Natur sind Veränderungen, die das Leben reizvoll machen. Wer ein Lehmhaus baut, möchte im Austausch mit Natur und Kosmos leben und sich nicht wie ein «Hamburger» in Styropor einpacken lassen. Ein Haus ist nicht nur eine Klimahülle und Energiesparen nicht alleiniges Kriterium. Dass k-Werte im übrigen nur bedingte Aussagekraft haben, beweisen gerade historische Lehmbauten, bei denen überwiegend Stroh als wärmedämmender Zuschlagstoff eingesetzt wurde. Bei Rohdichten von etwa 1000 kg/m^3 und Wandstärken von nur 15 cm wohnen und wohnten viele Menschen in nach unserem Verständnis schlecht gedämmten Häusern und fühlen sich sehr wohl. Diese werden mit Strahlungswärme von der Mitte des Hauses aus geheizt; die Lehmwände wurden zudem nicht mit dichtenden Putzen und versiegelnden Anstrichen, sondern lediglich mit warmen, diffusionsoffenen Kasein- und Kalkfarben behandelt.

Aussengefache mit dem traditionellen Weidengeflecht, bereit für den Bewurf mit Strohlehm (oben). – Fussbodenfüllung mit Baustellenlehm.

Die von uns vorgestellten Konstruktionsdetails zeigen, dass sich der Lehmbau weiterentwickelt hat und heutigen Ansprüchen gerecht wird. Viele verantwortungsbewusste Denkmalpfleger und Besitzer historischer Fachwerkgebäude haben aus den Fehlern der Vergangenheit gelernt und kehren wieder zu den im Buch dargestellten historischen und modernen Techniken mit Lehm und Naturbaustoffen zurück. Kaputtsanierte, traurige Beispiele haben sie genügend vor Augen, denn heute steht die Sanierung der Sanierung im Fachwerkbau an, nachdem lange Jahre mit Gasbetonelementen, Gipskartonplatten, Zementputz, Polystyroldämmungen und Acrylfarben schwerste Schäden angerichtet worden sind.

Lehmhäuser vermitteln Geborgenheit. Die Baustellen sind ein Ort handwerklichen Arbeitens. Unsere Vorfahren haben es verstanden, auch ohne Bauwissenschaft und behördliche Auflagen schöne, gesunde Häuser zu bauen. Die Nutzung der lokal vorhandenen Baustoffe und eine sanfte, landschaftsbezogene Architektur waren die Grundlagen.

Lehm für den Hausbau wird allen ökologischen, ökonomischen und baubiologischen Kriterien gerecht.

Nicht jeder Lehm ist für jede Lehmbautechnik geeignet: Sorgfältige Prüfung durch den Fachmann.

Jugendliche beim Kuppelbau mit Lehmsteinen.

12 gute Gründe, mit Lehm zu bauen

- Lehm wird für den Hausbau seit Jahrtausenden in aller Welt verwendet. Richtig aufbereitet und verarbeitet, liefert der Aushub ohne den Humusanteil einen gesunden, regenerierbaren Baustoff, der auch heute allen ökologischen und ökonomischen Anforderungen gerecht wird.
- Bauen mit Lehm und Wohnen in Lehmhäusern ist gesund. Lehm reguliert die Luftfeuchtigkeit, schafft ein gutes Raumklima, ist hautfreundlich und bindet schlechte Gerüche wie etwa Zigarettenrauch.
- Lehm als bewährtes Baumaterial überdauert bei fachgerechter Verarbeitung Jahrhunderte.
- Lehm ist zu 100% wiederverwertbar. Lehm aus alten Häusern wird eingesumpft und beim Bauen erneut verwendet.
- Lehm schützt durch die geringe Gleichgewichtsfeuchte Holzkonstruktionen. Chemischer Holzschutz ist unnötig!
- Lehm wird mit geringem Aufwand an Fremdenergie und Technik gewonnen und verarbeitet. Erschliessung, Transport, Baustelleneinrichtungen und Schalungen erfordern Kosten, die unter denen vergleichbarer Bautechniken liegen.
- Lehm lässt sich leicht reparieren und eignet sich gut für das Verlegen von Rohren, Leitungen usw.
- Lehm weist mit entsprechenden Zuschlagsstoffen gute Wärmedämmwerte für Wände, Decken und Dächer auf.
- Lehm bietet einen guten Schall- und Trittschutz.
- Lehm ist ein bewährtes, gesundes Material für Innenputze, auch bei Renovationen.
- Lehm lädt zur kreativen Gestaltung und künstlerischen Betätigung ein – gegen Langeweile und Normierung am Bau.
- Lehm ist ein kostengünstiger Baustoff, der sich zur handwerklichen Verarbeitung gut eignet. Mit keinem anderen Material kann man ähnlich einfach bauen. Deshalb ist Lehm prädestiniert für Selbstbauprojekte.

Und ein weiterer Grund: Unsere Zukunft kann nicht in Bauweisen liegen, die umweltbelastend sind, Handwerker überflüssig und Menschen krank machen.

Wie gehe ich beim Lehmhausbau vor?

- Sich zum Thema Lehmbau allgemein informieren (Fachliteratur, Fachartikel, Berichte über Lehmbauten in Fachzeitschriften). Das Literaturverzeichnis dieses Buches ist dabei sehr hilfreich.
- Besuch eines Lehmbau-Praxisseminars, z. B. an einer im Bau befindlichen Lehmhausbaustelle, an der sämtliche in Frage kommende Lehmbautechniken in Praxis und Theorie vorgestellt werden.
- Teilnahme an einer Besichtigungsfahrt zu fertiggestellten und im Bau befindlichen Lehmbauprojekten. Persönliche Kontakte mit Bewohnern von Lehmhäusern sind besonders wertvoll.
- Kontaktaufnahme mit Lehmbaufachleuten. Beratungsgespräch mit Grundstücksbesichtigung. Lehmprüfung und Festlegung der Lehmbautechniken. Grundsätzlich bietet Lehmbau grosse Selbstbaumöglichkeiten. Es können zum Beispiel Massivlehm- oder Strohlehmziegel selbst produziert werden, mit dem vorhandenen Baustellenlehm können Wände und Decken ausgeführt werden. Eine realistische Einschätzung der eigenen Möglichkeiten und eine fachliche Beratung vor Baubeginn machen sich jedoch immer bezahlt.
- Erstellung eines Raumprogramms, erste Entwürfe durch einen lehmbauerfahrenen Facharchitekten. Parallel dazu wird festgelegt, welche Eigenleistungen Sie selbst übernehmen können und wollen.

- Exakte Baukostenaufstellung durch lehmbauerfahrene, unabhängige Fachleute unter Berücksichtigung der festgelegten Eigenleistungen.
- Grundstücksuntersuchung durch einen erfahrenen Rutengänger, Rücksprache mit dem Architekten bezüglich eventueller Grundrissänderungen.
- Baugenehmigungs-, Statik- und Werkplanung.

Ablauf der Arbeiten an der Baustelle
- Grundstücksvermessung und Baugrubenaushub
- Fundamente, Keller- und Kaminbauarbeiten
- Holzkonstruktion für Decken, Wände, Dach. Richtfest!
- Dachdeckung und Dämmung
- Ausführung der Aussenwände: Je nach Lehmbautechnik Einbau von Holzleichtlehm, kombiniert mit Schilfrohrmatten, Trockenbautechniken mit Strohleichtlehmziegeln und Schilfrohrmatten in Kombination
- Innenwände mit Massivlehmziegeln ausmauern
- Deckenfüllungen mit entsprechenden Lehmbaustoffen (überwiegend in Trockenlehmtechniken)
- Einbau von Fenstern und Aussentüren
- Ausführung von Elektro-, Heizungs- und Sanitärarbeiten
- Einbau der Türrahmen für Innentüren
- Ausführung der Lehminnenputzarbeiten, Malerarbeiten innen
- Einbau der Innentreppen, Einbau der Innentüren
- Verlegen der Fussböden
- Ausführung von Aussenputz- und Malerarbeiten im Aussenbereich
- Durchführung der Gartengestaltungsarbeiten

Das vorliegende Buch ist über alle Stationen hin ein verlässlicher Begleiter und liefert dazu wichtige Informationen.

Wahl der Lehmbautechniken bei Fachwerksanierung

Bestandesaufnahme der historischen Bausubstanz:
- Anzahl der gut erhaltenen Lehmaussen- und -innengefache
- Anzahl der zu restaurierenden Lehmgefache
- Anzahl der zerstörten Gefache, die neu ausgefacht werden müssen
- Anzahl der Gefache, die im Zuge der Holzbauarbeiten ausgekernt werden müssen.
- Beschreibung der vorhandenen Ausfachungstechniken wie: Geflecht-Bewurftechnik; Ausmauerung mit Feldbranntsteinen, Bimssteinen, Gasbetonsteinen, Bruchsteinen, Klinkerausfachung usw.
- Qualität und Konstruktionszustand der vorhandenen Lehmdecken
- Art der Lehmdeckenkonstruktion
- Statische Belastbarkeit der Decken und Dachkonstruktion
- Qualität des vorhandenen Bodenaufbaus über Erdreich oder Kellergewölbe
- Feuchtigkeit des Sockelmauerwerks der Aussen- und Innenwände
- Ursachen der Feuchtigkeit, z. B. vorhandene Betonbodenplatte im Innenbereich, die die Bodenfeuchtigkeit ins Sockelmauerwerk aufsteigen lässt, oder äussere Bodenplatte aus Beton oder Asphalt (Strassenbauversiegelung bis an das Sockelfundament)
- Zustand der Aussen- und Innenputze
- Qualität und Material historischer Anstriche
- Aufnahme der von Holzschädlingen befallenen Hölzer
- Zustand der Fachwerkschwelle
- Zustand der Deckenbalken, insbesondere im Auflagenbereich von Mauerwerken
- Zustand der Hölzer im Nasszellenbereich
- Zustand der Dachdeckung und der Dachkonstruktion
- Aufnahme der gut erhaltenen Türen, Treppen, Fenster

Historische Ausfachung mit gespaltenen Buchenscheiten und Strohlehmbewurf (links). Schadhafte Aussengefache, die mit minimalem Aufwand repariert werden können (rechts).

Für das weitere Vorgehen ist die Festlegung der zukünftigen Raumnutzung von grosser Bedeutung. Diese muss immer ganzheitlich im Zusammenhang mit der Art des Heizsystems (Strahlungsheizung oder Konvektionsheizung), der gewünschten Schallschutzmassnahmen und der anfallenden Raumfeuchte (z. B. Nasszellen wie Bad, Dusche, Küche) betrachtet werden. Ein gesundes Raumklima mit gleichmässig hoher Luftfeuchtigkeit von etwa 55%, guter Ventilation und hoher natürlicher Oberflächentemperatur ist das Ziel.

Zur Frage nach dem gewünschten und realisierbaren Wärmedämmwert der Aussenwände, Decken und Dachkonstruktion besagen unsere bisherigen Erfahrungen, dass unter 10–15 cm eine wirksame Innendämmung mit Naturbaustoffen nicht durchzuführen ist.

Weitere Kriterien für die Wahl der Lehmbautechnik sind:

- Soll alles in Selbstbau erstellt werden?
- Habe ich genügend Zeit, um die Trocknungsphase abzuwarten, und kommen von da her die Nasslehmtechniken in Frage?
- Verfüge ich über die nötigen Maschinen (Zwangsmischer) für die Nasslehmaufbereitung?
- Habe ich genügend Helfer für die Nasslehmtechniken, oder muss ich alleine arbeiten?
- Ist mein Baustellenlehm geeignet für die geplanten Nasslehmtechniken?
- Habe ich an der Baustelle genügend Platz für die vielen Baustoffe für Nasslehmtechniken?

All diese Fragen müssen immer vor Baubeginn gut überlegt und sorgfältig abgeklärt werden.

Moderne Lehmbautechniken

Strohleichtlehm-Stampftechnik

Bei dieser Technik wird Stroh mit Lehmschlämme maschinell oder mit den Füssen gemischt und in eine Kletterschalung gestampft. Deckenfüllungen und Dachdämmungen können ebenfalls in dieser Weise ausgeführt werden. Wegen der geringen Materialkosten ist dies das bekannteste Selbstbausystem, für Lehmbaufirmen wegen des hohen Zeitaufwands jedoch auch das teuerste. Bei dicken Wänden und geringen Rohdichten besteht die Gefahr der Schimmelpilzbildung, bei ungleichmässigem Arbeiten entstehen Kältebrücken. Hoher Schwund, lange Trocknungszeiten.

Holzleichtlehmtechnik

Rindenfreie Holzhackschnitzel werden zusammen mit aufbereitetem Baustellenlehm und Sägemehl oder Hobelspänen aus Weichholz im Zwangsmischer aufbereitet, in eine Kletterschalung gefüllt und leicht verdichtet. Die Schalung kann sofort nach dem Einstampfen entfernt werden. Holzleichtlehm eignet sich sowohl für die Innendämmung von Fachwerkaussenwänden

Übersicht der Lehmbautechniken

Beurteilungskriterien	Strohleichtlehm-Stampftechnik	Holzleichtlehm	Mineralleichtlehm	Strohleichtlehm-ziegel	Massivlehm-ziegel	Trapezleisten-konstruktion für Decken
Ökologische Qualität	sehr gut	sehr gut	schlecht	sehr gut	sehr gut	sehr gut
Schwundverhalten	schlecht	sehr gut	sehr gut	sehr gut	sehr gut	gut
Trocken-/Nasstechnik (T/N)	N	N	N	T	T	N
Wärmedämmung	gut	sehr gut	gut bis sehr gut	sehr gut	schlecht	akzeptabel
Schallschutz	gut	gut	gut	gut	sehr gut	akzeptabel
Kraftaufwand	sehr hoch	akzeptabel normal	akzeptabel normal	akzeptabel normal	akzeptabel normal	akzeptabel
Maschinenaufwand (Baustelleneinrichtung)	sehr umfangreich	umfangreich	umfangreich	gering	gering	umfangreich
Rohdichte in kg/m³	500–1000	450–900	400–1200	650–850	1600–1900	800–1500
Jahreszeitliche Eignung	Frühjahr bis Herbst	Frühjahr bis Herbst	Frühjahr bis Herbst	ganzjährig	ganzjährig	Frühjahr bis Herbst
Selbstbaueignung	gut	sehr gut	sehr gut	sehr gut	sehr gut	sehr gut
Anwendungsbereiche	Aussenwände, Decken, Aussenwand-Innendämmung	Aussenwände, Decken, Dach, Aussenwand-Innendämmung	Aussenwände, Decken Aussenwand-Innendämmung, Dächer	Aussenwände, Innenwände, Decken, Aussenwand-Innendämmung	Decken, Innenwände, Schallschutzwände	Decken, teilweise Innenwände
Trocknungszeit	lange etwa 16 Wochen	akzeptabel etwa 8 Wochen	akzeptabel etwa 8 Wochen	Trockentechnik etwa 3 Tage	Trockentechnik etwa 3 Tage	gering etwa 3 Wochen

als auch für wärmedämmende Decken- und Dachfüllungen. Bei richtiger Anwendung entstehen keine Schwundprobleme, die Trocknung erfolgt im Vergleich zu Strohleichtlehm sehr schnell. Bei der Anwendung als Ausfachungsmaterial in Fachwerkaussenwänden muss aussen ein zusätzlicher Putzträger (Schilfrohrmatten, Heraklithplatten) für den Kalkaussenputz eingebaut werden. Im Innenbereich lassen sich problemlos Lehmputze aufbringen.

Mineralleichtlehmtechnik

Die Leichtlehmmischung besteht aus Lehm, Sand, mineralischen Dämmstoffen (Blähton, Bims) sowie mineralischem Bindemittel wie Kalk. Die Verarbeitung ist einfach: Im Betonmischer wird die Mineralleichtlehmmischung angerührt und in eine Schalung eingeschüttet. Anschliessend wird leicht nachverdichtet, und in 1 bis 2 Tagen kann ausgeschalt werden. Je nach Gebäudenutzung und Sonnenausrichtung der Wände kann die Mischung individuell geändert werden (500 bis 1200 kg/m^2). Die Druckfestigkeit ist so hoch, dass begehbare Estriche mit diesem Verfahren ausgeführt werden können.

Strohleichtlehmziegeltechnik

Maschinell hergestellte Strohleichtlehmsteine verschiedener Formate werden bei diesem Verfahren zwischen das Fachwerkgebälk eingemauert, wobei horizontale und vertikale Holzstäbe als Verstrebungen eingesetzt werden. Das Zuschneiden der Steine geschieht mit einer Gasbeton-Bandsäge oder einer elektrischen Fuchsschwanzsäge (z. B. Alligator). Die Steine werden mit Lehm- oder Lehm-Kalk-Mörtel vermauert. Der Mauermörtel wird mit Faserstoffen vermischt und auf der Innenseite in einem Arbeitsgang als Lehmgrundputz aufgebracht. Im Fachwerk wird das Verfahren als zweischaliges Mauerwerk ausgeführt, wobei die innere Mauerschale fugenversetzt und ohne Zwischenluftschicht an die äussere homogen angemauert wird. Bei sauberer Ausführung entfällt ein Nacharbeiten, der Schwund ist minimal. Die Vorteile liegen auf der Hand: Trockenbau, keine besondere Baustelleneinrichtung, geringe Standzeiten für Putze, selbstbaufreundlich.

Holzlehmziegeltechnik

Als Weiterentwicklung der im modernen Lehmbau oft verwendeten Holzleichtlehmtechnik haben einige Lehmbaufachbetriebe vorgefertigte Holzlehmziegel entwickelt und damit auch die Möglichkeit geschaffen, mit Holzlehm in Trockenbauweise arbeiten zu können. Sie eignen sich für folgende Anwendungsgebiete:

- Ausmauerung von Fachwerkaussenwänden im historischen Fachwerkbau
- Schallschutz-Innenvorsatzschale bei Fachwerkaussenwänden
- Ausmauerung von Innenwänden im Alt- und Neubaubereich, wo die vorhandene Statik keine Massivlehmziegelmauern erlaubt
- Als Deckeneinschub im Alt- und Neubaubereich
- Für Heizwände mit speziellen Formaten, die als Wandstrahlungsheizungen mit eingeputzten Heizrohren gemauert werden.

Massivlehmziegeltechnik

Ungebrannte Ziegel werden an der Luft getrocknet und als nichttragendes Innenmauerwerk aufgemauert bzw. ausgefacht (ein gängiges Format mit hoher Druckfestigkeit und geringem Schwund ist 24 × 11,5 × 11,5). Die Massivlehmziegel werden mit Lehm- oder Lehm-Kalk-Mörtel vermauert und können in einem Arbeitsgang mit Grundputz versehen werden.

Sie sind nicht für das Ausfachen von Aussenwänden geeignet! Strohleichtlehm- und Massivlehmziegel können selbst hergestellt werden. Entsprechende Projekte – «Lehmhaus in ökologischer Siedlung am Zürchersee» und «Haus mit selbstgemachten Strohlehmsteinen errichtet» – sind im Buch vorgestellt, über die Rahmenbedingungen informiert das Kapitel Trockenlehmtechniken, Seite 59.

Baustellenlehm für Decken- und Bodenkonstruktionen

Der Baustellenlehm (trocken bis erdfeucht) eignet sich auch zum Verfüllen im Deckenbereich. Um die ungünstige Wirkung von eventuell im Lehm vorhandenen humösen Verunreinigungen auszuschliessen, empfiehlt sich die Zugabe von Weisskalk, der lagenweise eingestreut wird. Bei guter Verdichtung, etwa mit einem kleinen Plattenrüttler, entsteht ein hochbelastbarer Lehmboden.

Massivlehmbodenplatten

Eine sinnvolle Variante zum gestampften Lehm als Deckenfüllung ist das Auflegen von vorgefertigten, luftgetrockneten Massivlehmplatten, die in verschiedenen Stärken angeboten werden (d = 4, 5, 7, 12 cm).

Lehmputze und Leichtlehme mit Trockenlehmpulver

Für Selbstbauer und Handwerker wurde ein spezielles Trockenlehmpulver entwickelt, das sowohl von Hand als auch mit bauüblichen Putzmaschinen (Schneckenpumpe) verarbeitet werden kann. Feines Lehmpulver mit konstant 12,7% Tongehalt wird an der Baustelle mit Sand und Naturfaserstoffen (z. B. Tierhaare, Strohhäcksel) angerührt und als Lehmputz, Lehmschlämme oder Strohlehm für Decken und Wandausfachungen verwendet. Bewährt hat sich für den Deckenbereich eine trockene Leichtlehmschüttung, angemischt mit Sägespänen oder Sägemehl als wärmedämmende Zuschlagstoffe. Für Bauteile, die in die Brandschutzklasse A1 (nicht brennbar) eingestuft sind, wird Blähton, Blähschiefer oder Bims beigemischt. Trockenlehmpulver wird in 30-kg-Säcken mit Standardrezepturen für die Weiterverarbeitung auf die Baustelle geliefert.

Einzelner Holzlehmziegel und palettierte Strohlehmsteine.

Materialkosten der verschiedenen Lehmbautechniken

Beim Selbstbau wird immer als erstes die Frage nach den Materialkosten gestellt. Holzleichtlehm oder Strohleichtlehm, angerührt mit eigenem Baustellenlehm, ist dann am preiswertesten, wenn ein Zwangsmischer kostenlos zur Verfügung steht. Wenn dieser erst noch gekauft werden muss, sind Trockenbautechniken insgesamt preiswerter. Im folgenden eine Anhaltspreisliste.

Materialkosten für Nasslehmtechniken

- Strohleichtlehmstampftechnik: je m^3 ca. DM/Fr. 25,– bis 40,–
- Holzleichtlehmtechnik: je m^3 ca. DM/Fr. 30,– bis 60,–
- Mineralleichtlehmtechnik: je m^3 ca. DM/Fr. 110,– bis 160,–

Alle Preise netto bei Verwendung von eigenem Baustellenlehm, der nicht berechnet wurde. Holzkonstruktionen sind nicht eingerechnet.

Materialkosten für Trockenbaulehmtechniken

- Strohleichtlehmziegel für Innenvormauerung von Fachwerkaussenwänden: je m^3 ca. DM/Fr. 300,–
- Massivlehmziegelmauerwerk (bei Schallschutzproblemen), kombininiert mit Holzleichtlehm als Dämmschüttung: je m^3 ca. DM/Fr. 260,–

Ein weiteres, sehr wichtiges Kriterium ist die Frage nach der gewünschten Bauzeit: Nasslehmtechniken können nur von Frühjahr bis Herbst ausgeführt werden, wobei Trocknungszeiten, je nach Witterung und Jahreszeit, von 8 bis 16 Wochen eingeplant werden müssen: eine Holzleichtlehminnendämmung, im Herbst ausgeführt, kann im darauffolgenden Frühjahr verputzt werden. Strohleichtlehmziegel können schon nach 2 bis 3 Wochen verputzt werden.

Strohlehmhohlziegel

Bei vorhandenen Mischausfachungen mit Gasbeton, Bimssteinen, Klinker oder Feldbranntsteinen eignet sich nicht jede der genannten Lehmbautechniken als Dämmung. Um bauphysikalisch sicherzugehen, können zwei Techniken empfohlen werden. Vormauerung mit Strohleichtlehmziegeln, wobei ein Zwischenraum von 5–8 cm zur alten Ausfachung hin mit Mineralleichtlehm verfüllt wird (in diesem Bereich befindet sich der sogenannte Taupunkt); oder Innendämmung mit Mineralleichtlehm homogen an die alte Aussenwand angeschlossen.

In keinem Falle sollten Hinterlüftungen eingebaut werden, die in der Praxis sowieso nicht funktionieren, da die Tauwasserabflussrinne zwischen den beiden Wänden mit Mauermörtel gefüllt ist, der beim Eindrücken der Mauersteine hinunterfällt. Das Ergebnis ist oft eine nach 2 bis 3 Jahren faulende Schwelle.

Im Nasszellenbereich empfehlen sich die beiden vorgenannten Techniken ebenso. Die zur Auswahl stehenden Lehmbautechniken haben unterschiedliche Festigkeiten: Will man an einer Mineralleichtlehmwand Schränke aufhängen, muss die Lehmmischung durch Zusatz von mineralischen Bindemitteln wie z. B. Trasskalk verändert werden. Ansonsten empfiehlt es sich zur Erhöhung der Stabilität eine Bilderleiste in Form eines breiten Brettes in die Wand zu integrieren.

Nasslehmtechniken

Die Sanierung historischer Fachwerkgebäude geschah über viele Jahrhunderte vorwiegend mit Nasslehmtechniken für die Ausfachung von Aussenwänden, Innenwänden und Lehmdekken. Meist handelte es sich um sogenannte *Lehm-Geflecht-Bewurftechniken,* bei denen die Weidengeflechte mit einer Mischung aus Strohhäcksel und Lehm von beiden Seiten von der Aussen- und Innenseite der Gefache beworfen wurden. Im Deckenbereich wurden in die eingenuteten Deckenbalken entweder Lehmwickel, mit Langstroh und Lehm hergestellt, eingearbeitet oder eine Trapezleistenkonstruktion angelegt. Bei dieser Technik wurden in die Nuten Hartholzstaken eingebaut und darüber eine Strohlehmmischung aufgebracht und von oben durch die Staken gedrückt. Das abschliessende Verstreichen der durchhängenden Lehmteile zu einem Lehmputz ergibt einen lebhaften, harmonischen Deckenaufbau. Diese historischen Fachwerktechniken kommen heute sowohl bei Sanierungen als auch bei Neubauten wieder vermehrt zur Anwendung, da sie handwerkliche Traditionen wiederbeleben und selbstbaufreundlich sind.

Auch im *Massivlehmbau* wurden selbst in unseren feucht-nassen und wechselhaften Klimazonen komfortable und menschengerechte Bauten erstellt. Viele Zeugen dieser Pisé-Bauweise haben Jahrhunderte überdauert, werden wegen ihres hohen Wohnwertes gelobt und sind in tadellosem Zustand. Pisé-Wände sind in ihrem Gefüge ganz ähnlich wie Beton (natürlich ohne dessen baubiologische Nachteile). Sie weisen keinerlei Fugen auf, sind wie aus einem Guss und so belastbar, dass im 19. Jahrhundert sogar Fabriken in Pisé-Technik erstellt wurden. Dass die Pisé-Technik im Hausbau heute kaum noch angewendet wird, hat zwei Gründe: Zum einen kann sie im Winter nicht ausgeführt werden und erfordert einen hohen Arbeits- und Kraftaufwand, zum andern besitzen massive Pisé-Wände zwar eine hohe Wärmespeicherfähigkeit, aber einen geringen Isolationswert.

Bei den heutigen Anforderungen an das Wohnklima drängt sich also eine Kombination der Lehmtechniken auf: Eine gut wärmespeichernde Wandmasse im Innenbereich, gut isolierende, oberflächenwarme, die Raumfeuchtigkeit regulierende Wände in der Gebäudeaussenhülle. Dies führte dazu, dass seit etwa zwölf Jahren sowohl in der Fachwerksanierung als auch beim Lehmhausneubau ein weiteres Nasslehmverfahren angewendet wird: *die Strohleichtlehm-Stampftechnik.*

In einer Lehmgrube wird der Baulehm gut angesumpft und anschliessend in einem speziellen Zwangsmischer zu Lehmschlämme verarbeitet. In diese Lehmschlämme wird entweder manuell (Stampfen mit den Füssen) oder maschinell z. B. mit einer Gartenfräse das Stroh eingearbeitet. Diese Arbeit geschieht direkt auf dem Boden oder in einer grösseren Kalkwanne. Für Putze muss das üblicherweise erhältliche Ballenstroh kleingehäckselt werden. Die so hergestellte Strohlehmmischung lässt man 48 Stunden mauken. In dieser Ruhephase nehmen die Faserstoffe einen Teil der Feuchtigkeit auf, während das überflüssige Wasser abfliesst. Anschliessend wird die sehr feuchte Mischung in die Gleit- oder Kletterschalung eingestampft.

Im Neubaubereich wurden bisher mit Strohleichtlehm Aussenwände und Dachdämmungen erstellt, in der Fachwerksanierung diente das Material für Innenwand- und Deckendämmungen. In den meisten Fällen handelte es sich bei den Lehmbauprojekten um Selbstbau.

Gestampfter Strohleichtlehm in der Verschalung und fertige Wand mit Schwundproblemen.

Probleme in der Lehmbaupraxis

Während heute der Faktor Zeit entscheidend ist, konnte man sich früher beim Bau von Fachwerkhäusern Zeit lassen. Die Lehmausfachungen wurden in der warmen Jahreszeit ausgeführt, danach wartete man in der Regel ein Jahr mit der weiteren Behandlung der Lehmwände. Je nach Qualität des verwendeten Baulehms mussten nach der Trocknung der Gefache die Fugen zum Fachwerk nach dem Schwundprozess überarbeitet werden. Häufig wurde jedoch auf eine solche Überarbeitung der Fugen verzichtet, weshalb bei der Fachwerksanierung oft undichte, inhomogene Aussenwände, die nicht winddicht abgeschlossen sind, vorzufinden sind. In der Regel handelt es sich (je nach Tongehalt des verwendeten Lehms) um Schwundfugen der Grössenordnung von 3 bis 10 mm.

Ähnliche Probleme traten auch beim modernen Hausbau mit Strohleichtlehm auf. Je nach der Qualität des Baulehms schwinden die Wände stärker oder weniger stark. Bei allen Projekten musste nachgearbeitet werden (teilweise betrug der Schwund bei einer Wandhöhe von 2,5 m bis zu 8 cm). Selbst bei den Nacharbeiten, die zumeist mit der gleichen Strohleichtlehmmischung ausgeführt wurden, entstand wiederum ein Trocknungsschwundriss, der leider nicht immer nachbehandelt wurde. Da an der Baustelle die Qualität der Strohlehmmischung – das genaue Mischungsverhältnis zwischen Wasser, Lehm und Stroh – nie exakt eingehalten werden kann, entstehen in den Wänden oft starke Hohlräume (Inhomogenitäten) und Kältebrücken. Die Bindigkeit (Klebekraft) des Baulehms ist abhängig von der Aufbereitung: Je inniger das Material durchmischt wird, desto fester und widerstandsfähiger ist es nach der Verarbeitung.

Ein weiterer, häufiger Fehler besteht darin, die horizontale Haltelatte der Leiterkonstruktion an die vertikalen Hölzer anzunageln. Beim anschliessenden Schwundprozess stellen sich dann horizontale Risse und Kältebrücken ein, da die angenagelte Latte nicht nach unten mitschwinden kann. Diese darf bei sachgerechter Ausführung nur lose eingelegt werden.

In neuerer Zeit gibt es Lehmbaufirmen, die Strohleichtlehmmischungen herstellen und an Selbstbauer verkaufen. Je nach Witterungsverhältnissen muss diese Lehmmischung innerhalb einer Woche verarbeitet werden. In der Baupraxis ist dies oft nicht zu bewerkstelligen, so dass der Strohleichtlehmhaufen an der Baustelle zu schimmeln beginnt. Oft wurden die Lehmmischungen aus Platzgründen in zu grossen Haufen abgekippt, so dass von unten keine Belüftung mehr möglich war. Eine solche ist nur möglich, wenn der Lehm auf der Baustelle ausgebreitet wird und die Höhe der Vorratshaufen nie mehr als 30 cm beträgt, was natürlich Lagerungsprobleme schafft.

Ein typischer Selbstbaufehler besteht darin, dass sehr leichte Mischungen angemacht werden. Dabei wird dann mit Rohdichten unter 400 kg/m^3 gearbeitet – immer nach dem Motto: Je mehr Stroh in der Mischung, desto besser die Wärmedämmung. Logischerweise ergibt sich bei einem Mischungsverhältnis von 5 Teilen Stroh und 1 Teil Lehm ein grosses Trocknungsproblem, zumal der geringe Lehmanteil nur in Form sehr wässriger Lehmschlämme beigemischt werden kann. Diese sehr leichten Lehmaufbauten beginnen oft nach kurzer Zeit zu humusieren und zu schimmeln. Strohlehmaussenwände brauchen Zeit zum Austrocknen. Das gilt vor allem für Wanddicken über 30 cm, die aus Zeitgründen sogar oft noch im Oktober oder schon im Februar ausgeführt wurden. Auch Deckenfüllungen mit Strohleichtlehm, die erst im Herbst eingebracht werden, können kaum noch durchtrocknen. Resultat: Schimmel, nicht selten mit den Folgen, dass alles wieder herausgerissen und zu «sicheren» modernen Baustoffen wie Gasbeton gegriffen wurde. Viele Denkmalpfleger können davon ein Lied singen. Diese traurigen Erfahrungen mussten auch die Lehmbau-Fachbetriebe machen und dafür viel Lehrgeld zahlen. In der Öffentlichkeit wurde dem Lehmbau dadurch viel Schaden zugefügt.

Strohleichtlehm: Handwerkliche Sorgfalt und durchdachtes Vorgehen

Eine grosse Zahl zufriedener Hausbewohner legen Zeugnis dafür ab, dass bei sorgfältigem Vorgehen alle anfallenden Probleme mit der Strohleichtlehm-Stampftechnik zu bewältigen sind. Die Mischung muss in der warmen, trockenen Jahreszeit verarbeitet werden, und die Aussenwände sollten nicht dicker als 30 cm sein. Wenn genügend Platz vorhanden ist, können direkt an der Baustelle Strohlehmsteine und auch Massivlehmziegel hergestellt werden. Diese haben sich als Innendämmung von Fachwerkbauten und als homogener Wandaufbau (siehe Seite 66) bewährt. Wer mit Strohlehm arbeitet, muss neben den Jahreszeiten auch noch andere Rhythmen einhalten. Zuerst müssen die Decken mit Strohlehm gefüllt werden, damit der Trocknungsprozess durch Wind- und Sonneneinstrahlung gewährleistet ist. Der Aussenwandaufbau beginnt immer im Norden, es folgen Ost-, West- und Südwand. Damit keine grossen Schimmelpilzprobleme entstehen, sollte die Rohdichte der trockenen Lehmwände mindestens 650 kg/m^3 betragen. Leichte Mischungen von um 400 kg/m^3 sind nicht zu empfehlen, da sie vom Brand- und Schallschutz her nicht genügen und Trocknungsprobleme entstehen können. Für das Herstellen der Mischungen mit Lehm haben sich die hartfaserigen Strohsorten (Roggen, Gerste) besonders bewährt.

Schwer zu behebende Schäden beim Hausbau mit der Strohleichtlehm-Stampftechnik führten aber auch dazu, dass neue Wege gesucht und neue Techniken erprobt wurden. Das sind neben den Trockentechniken mit Strohleichtlehmsteinen oder Massivlehmziegeln auch neue schwundfreie Nasslehmtechniken.

Ständerkonstruktion mit Mineralleichtlehm

Schwundfreie Nasslehmtechniken

Mineralleichtlehm (LSM®)

An der Gesamthochschule Kassel hat Prof. Dr. Ing. Gernot Minke vor einigen Jahren ein Mineralleichtlehmverfahren entwickelt und zum Patent angemeldet. «Ökologie in der Regio» hat damit bisher ca. 25 Projekte ausgeführt, sowohl Fachwerksanierungen als auch Lehmhausneubauten. Wer mit dieser Technik arbeiten will, muss dem Patentinhaber eine einmalige Lizenzgebühr entrichten. In der Patentanmeldung werden wärmedämmende anorganische, mineralische Zuschlagstoffe genannt. Bei den ausgeführten Projekten wurde überwiegend mit Blähton und teilweise mit Naturbims gearbeitet.

Zur Aufbereitung von Mineralleichtlehm wird an der Baustelle der vorhandene Ortlehm – mindestens 10% Tongehalt sind erforderlich – zu Lehmschlämme aufgerührt. Steine und Klumpen sind zu entfernen, damit später keine Schwundprobleme entstehen. Zusammen mit gewaschenem Sand wird die Lehmschlämme in einem einfachen Beton-Freifallmischer mit Blähton oder Bims verarbeitet. Je nach Witterung oder Zeitpunkt der Ausschalfristen kann ein mineralisches Bindemittel (z. B. Trasskalk) der Mischung beigegeben werden. Wichtig ist, dass absolut trockene Zuschlagstoffe verwendet werden, damit der Trocknungsprozess nicht beeinträchtigt wird. Die Mineralleichtlehmmischung wird in eine einfache Schalung eingebracht und mit minimalem Kraftaufwand verdichtet. Es können auch sehr feuchte Mischungen angerührt werden, so dass der Stampfprozess gänzlich entfällt und lediglich durch Klopfen an der Schalung verdichtet wird. Je nach Konsistenz und Zuschlagstoffen kann innerhalb von zwei bis drei Stunden ausgeschalt werden. Massgeblich ist der Feuchtigkeitsgehalt der Mischung, die Wandstärke und der Trasskalkanteil.

Bei einem grossen Fachwerkprojekt am Bodensee wurde eine sehr feuchte Mineralleichtlehmmischung im Pumpverfahren in die Schalung eingebracht. Dabei traten erhebliche Entmischungsprobleme auf, so dass diese Technik trotz aller Rationalisierungseffekte nicht weiterempfohlen werden kann.

Bei der Fachwerksanierung wie beim Neubau mit Mineralleichtlehm wird sofort nach dem Ausschalen auf der Aussenseite etwa 2 bis 2,5 cm Material abgekratzt, damit genügend Raum für den späteren Aussenkalkputz vorhanden ist. Hierbei wird die Oberfläche sehr stark aufgerauht, um die Putzträgereigenschaften dadurch zu verbessern. Als Putz im Innenbereich auf Mineralleichtlehmwände eignen sich sowohl Lehm als auch Trasskalk. Im Gegensatz zu Lehmtechniken mit organischen Zuschlagstoffen (Stroh usw.) kann bei Mineralleichtlehm ein einlagiger Lehmputz auf die noch feuchte Wand aufgebracht werden. Er trocknet dann homogen zusammen mit der feuchten Mineralleichtlehmwand ab. Ein Kalkputz darf in jedem Fall nur auf die trockene Wand aufgebracht werden.

Bisherige Erfahrungen mit Mineralleichtlehm:

- Die Zuschlagstoffe Blähton und Bims sind relativ teuer. Blähton frei Baustelle kostet etwa DM/Fr. 110.– bis 160.– netto je m^3, Naturbims ist noch etwas teurer.
- Aus ökologischer Sicht muss Blähton als eher bedenklich eingestuft werden. Blähton wird bei Temperaturen von 1300 °C gebrannt – die Rohstoffe werden auf langen Transportwegen zum Herstellerwerk gefahren.
- Die radioaktive Belastung (Radonstrahlung) von Naturbims ist je nach Vorkommen sehr hoch, so dass insbesondere von der Verwendung deutscher Bimsvorkommen aus diesem Grunde abgeraten werden muss. Es wurde daher für einige Projekte griechischer Naturbims von der Insel Yali verwendet, wobei dann allerdings die Transportkosten die Ökobilanz des Baustoffs verschlechtern.
- Im Lehmbau sind mineralische Bindemittel wie Trasskalk problematisch. Dennoch hat sich gezeigt, dass bei dünnen Wandstärken auf Trasskalk nicht verzichtet werden kann, es sei denn, man verwendet sehr feinkörnige Blähtonzuschläge.
- Bekanntlich wird Blähton unter anderem auch als Dachbegrünungssubstrat verwendet, damit Regenwasser lange gebunden wird. In eine Aussenwand will man dagegen keine Baustoffe einbringen, die Wasser lange speichern. Das Kondenswasser soll vom Innenbereich sofort weitergeleitet werden, was vor allem Lehm in idealer Weise gewährleistet. Bei der Mineralleichtlehmbauweise beträgt der Lehmanteil in der Regel lediglich 30%. Trotzdem haben sich bei den bis heute errichteten Gebäuden hinsichtlich hygroskopischer Eigenschaften keine Probleme gezeigt.
- Bei der Verwendung von Mineralleichtlehm gibt es keine Schwundprobleme, wenn die Mischung richtig angesetzt ist. Wird die Bau-Equipe in ein bis zwei Tagen gut eingearbeitet, lässt sich Mineralleichtlehm gut im Selbstbau ausführen. Wichtig ist, dass die Handwerker an der Baustelle nicht zu stark stampfen, da sonst die Wärmedämmung leidet. Der Kraftaufwand bei der Verarbeitung ist minimal. Bis heute ist an keinem der Mineralleichtlehm-Projekte Schwund aufgetreten, wie das bei der Strohleichtlehm-Stampftechnik häufig passierte.
- Wände mit Mineralleichtlehm lassen sich mit Rohdichten von 500 bis 1200 kg/m^3 ausführen, was wegen der Variationsmöglichkeiten

Wärmedämmung/Wärmespeicherung interessant ist. An der Baustelle können die Mischungen so verändert werden, dass z. B. die Südwand durch erhöhten Sandzuschlag schwerer wird und deshalb mehr Wärme speichert. In der Regel werden für Fachwerkinnendämmungen und für Lehmhausneubauten Rohdichten von 700 bis 800 kg/m³ gewählt, ähnlich wie bei Stroh- und Holzleichtlehm. Die Mineralleichtlehmwände sind sehr homogen und gewährleisten eine gleichmässige Wärmedämmung. Interessant ist die Anwendung im Fussbodenbereich, wo begehbare und belastbare Fussbodenestriche ohne Stahlbewehrung ausgeführt werden können.

Insbesondere bei Lehmhausneubauten lassen sich Kombinationen mit Strohlehmsteinen oder Massivlehmziegeln auf der Innenseite der Aussenwand gut realisieren. Hier hat man auf der Innenseite Schallschutz und Wärmespeicherung, während die Wärmedämmung bauphysikalisch richtig auf der Aussenseite erfolgt.

Gerade bei der Fachwerksanierung mit häufig sehr stark strukturiertem Ziegelfachwerk lassen sich Aussengefache schwer mit Ziegeln ausmauern. Hier lässt sich Mineralleichtlehm ideal mit einer Innenvormauerung, z. B. mit Strohleichtlehmelementen, kombinieren, so dass in einem Arbeitsgang das Innenmauerwerk und die Ausfachungen der Aussenwände ausgeführt werden können.

Trotz dieser guten Einsatzmöglichkeiten von Mineralleichtlehm bleibt die Kritik am Blähton, einem unter grossem Energieaufwand hergestellten Baustoff. Er ist hygroskopisch wenig ausgewogen und zu teuer. Wandaufbauten mit einem Lehm-Ziegelsplitt-Gemisch, wie sie Martin Rauch in Vorarlberg erstellt, weisen vielleicht in die Zukunft. Blähton und auch Bims haben nicht die bauphysikalisch guten Eigenschaften wie etwa Stroh und Holz. Eingefleischte Lehmbauer können sich denn auch mit Mineralleichtlehm nicht anfreunden, zumal der Lehmanteil lediglich bei 30% liegt.

Bei den von «Ökologie in der Regio» ausgeführten Bauten hat sich gezeigt, dass Mineralleichtlehm gut geeignet ist für die Innendämmung von Backsteinausfachungen, Fachwerk oder Ziegelbauten. Bewährt hat sich die Kombination mit Massivlehm- oder Strohleichtlehmsteinen – auch wegen der guten Selbstbaueignung. Das gilt auch für Fussbodenkonstruktionen mit belastbarem Estrich aus Mineralleichtlehm, der in einem Arbeitsgang mit der Deckenfüllung ausgeführt wird.

Für Fachwerksanierungen, bei welchen die Innendämmung zusammen mit der Ausfachung aussen durchgeführt wird, lässt sich Mineralleichtlehm sehr gut verarbeiten. Mit einem Lehminnenputz ist ein gutes Raumklima gewährleistet.

Holzleichtlehm: Eine neue Technik besteht die Bewährungsprobe

Probleme mit Strohleichtlehm in Nasstechnik und bedenkliche Bestandteile beim Mineralleichtlehm führten zu intensiven Versuchen mit neuen Lehmbautechniken. Was lag denn eigentlich näher, als Lehm mit Holzteilen zu mischen, da ja bereits seit Jahrhunderten bekannt war, dass beide Materialien ideale Partner sind? Obwohl mit dieser neuen Technik erst etwa 22 Projekte erstellt wurden, hat Holzleichtlehm seine Bewährungsprobe bestanden und gilt als die Lehmbauweise mit den besten Zukunftsperspektiven für Selbstbauprojekte.

Ortlehm und rindenfreie Holzhackschnitzel werden mit Sägemehl und Hobelspänen versetzt, im Zwangsmischer angerührt und mit vor Ort hergestellter Lehmschlämme intensiv gemischt. Diese Mischung wird in eine Gleitschalung eingefüllt, leicht verdichtet und sofort ausgeschalt.

Die rindenfreien Holzhackschnitzel (Tanne/Fichte) sollten trocken an die Baustelle geliefert werden (Feuchtigkeitsgehalt maximal 40%) und müssen vor Feuchtigkeit geschützt gut belüftet gelagert werden. Die Lehmschlämme wird in einer ziemlich pastösen Form aufbereitet, was ein intensives Rühren im Zwangsmischer bis zu einer puddingähnlichen Konsistenz bedingt.

Für die Anwendung von Holzleichtlehm als Dachdämmaterial dürfen weder Sägemehl noch Hobelspäne, sondern nur grobe Holzschnitzel beigemischt werden, damit eine sehr geringe Rohdichte erzielt werden kann. Mit den Feinanteilen von Hobelspänen und Sägemehl wird die Oberfläche erweitert, dadurch wird ein höherer Lehmanteil gebunden, was wiederum zu einer grösseren Rohdichte führt. Mit grösserer Rohdichte und höherem Gewicht nimmt zwar die Wärmespeicherfähigkeit zu, die im Dachbereich erwünschte Wärmeisolation jedoch ab.

Die Rohdichte bei der Dachdämmung des Lehmhausneubaus der Familie Bender in Maikammer/Pfalz (Seite 40) betrug 380 kg/m³.

Holzleichtlehm

Für die Aussenwände sollte dagegen beim Anmischen der Hobelspäneanteil etwa 15% betragen. Hier ist eine erweiterte Holzoberfläche mit einem Rohgewicht der Mauern von etwa 600 kg/m³ erwünscht. Die Wände werden homogen, der Stampf- und Verdichtungsprozess wird wesentlich erleichtert.

Holzleichtlehm für Wandkonstruktion

Holzlehmmischung für Aussenmauern als Standardmischung (Angaben in Raumteilen):
1 Teil Sägemehl
1 Teil feines trockenes Holzschnitzelmaterial
2 Teile grobes Hackschnitzelmaterial
1,5 Teile Baulehm (Ortlehm, Tongehalt ≥ 7%)

Holzlehmmischung für Dachdämmung:
6 Teile Holzhackschnitzel
1,5 Teile Baulehm (Ortlehm, Tongehalt ≥ 7%)

Die Putzträgereigenschaften sind beim Holzleichtlehm wesentlich besser als bei der Strohleichtlehm-Stampftechnik, und auch der Trocknungsprozess vollzieht sich schneller. Bei der Dachdämmung des Hauses in Maikammer regnete es während der Trocknungsphase sehr stark: zwei Wochen Dauerregen. Trotzdem gab es keine Probleme, und innerhalb von drei Wochen konnten die Dachziegel verlegt werden. Die 35 cm dicke Aussenwand war im heissen Sommer 1991 innerhalb von drei Wochen durchgetrocknet. Es zeigte sich hier, dass die kapillare Leitfähigkeit von Holzteilen wesentlich besser zur Trocknung beiträgt als Strohteile. Ein weiterer Vorteil besteht darin, dass auch auf noch nicht ganz trockene Holzleichtlehmwände ein Lehmgrundputz aufgetragen werden kann.

Wichtig für alle Lehmbauer ist der äusserst geringe Schwund. Beim Fachwerkneubau der Familie Günther in Pfullendorf-Grossstadelhofen (Seite 36) war die Giebelwand auf einer Höhe von 5,70 m insgesamt um 5 mm geschwunden. Beim leichten Einstampfen der Mischung darf nicht zu stark verdichtet werden, da sonst die wünschbare Wärme-Isolationswirkung nachlässt. Bei Dachdämmungen mit Holzleichtlehm kann auf eine oberseitige Holzschalung komplett verzichtet werden, da die Mischung schnell trocknet und sofort innig bindet und liegenbleibt. Selbst bei Steildächern besteht kaum Abrutschgefahr.

Bei den verwendeten Holzhackschnitzeln und Hobelspänen handelt es sich um Restholz aus Sägereien, das in der Regel für die Zellulose- oder Spanplattenherstellung verwendet oder verfeuert wird. Die ökologische Qualität steht ausser Frage. Wichtig für Lehmbautechniken ist, dass vollhygroskopische, dampfdurchlässige Beimischungen verwendet werden, welche im Idealfall nicht mehr schwinden. Das Raumklima von Holz-Lehm-Konstruktionen entspricht allen Anforderungen, die an gesundes Wohnen gestellt werden.

Bei der Anwendung von Holzleichtlehm ist die Gefahr, dass falsche Mischungen zubereitet werden, wesentlich geringer als bei der Strohleichtlehm-Stampftechnik. Zur Herstellung der Lehmschlämme braucht es einen leistungsfähigen Zwangsmischer.

Mit dem gleichen Grundmaterial – Holzhackschnitzel, Hobelspäne, Sandzusatz, in Verbindung mit mineralischem Bindemittel Trasskalk/Sumpfkalk – lassen sich Holzkalkestriche als begehbare, wärmedämmende Fussbodenkonstruktionen herstellen. Die Holzkalkestrichmischung kann z. B. in Decken auch so hergestellt werden, dass sie z. B. im Deckenbereich als Speichermasse wirkt. Rohdichten von 800 bis etwa 1600 kg/m^3 sind hier möglich.

Holzleichtlehm ist für Selbstbauer vor allem deshalb interessant, weil sie ihr Haus vom Fussboden über die Wände bis zum Dach mit einem einzigen Grundmaterial errichten können. Die Baustoffpreise für Holzhackschnitzel sind gering und liegen etwa zwischen DM/Fr. 50.– und 70.– je Kubikmeter. Auf eine Aussenwand von etwa 35 cm Stärke entfallen also Materialkosten von DM/Fr. 25.– bis 30.– je Quadratmeter.

Sowohl für die Altbausanierung als auch für den Lehmhausneubau eignet sich die beschriebene Holzleichtlehmtechnik hervorragend. Die bauphysikalische Qualität von Lehm wird durch das Beimischen von Holzhackschnitzeln und Hobelspänen wesentlich verbessert. Sowohl Schimmelpilz als auch Schwundprobleme sind im Griff zu halten. Holzleichtlehm – ein gesundes, günstiges Baumaterial!

Vier der Gründungsmitglieder vor dem Modell Ökohaus Via Felsenau

Via Felsenau: Eine Vision wird Realität

Im Anschluss an die Jugendunruhen 1980 wurde es als Idee geboren, 1993 wurde es vollendet: das von Berner Jugendlichen unter Berücksichtigung ökologischer Erkenntnisse geplante Wohnhaus in der Felsenau in Bern. Die Jugendlichen und der Initiant des Trägervereins «Berner Jugend baut», der Bauunternehmer Hans-Rudolf Ramseier, bewiesen Mut und Entschlusskraft. Via Felsenau ist als dreigeschossiges Lehmhaus in Ständerbauweise konzipiert, eine Konzeption, die es seit Jahrzehnten im deutschsprachigen Raum nicht mehr gegeben hat. Das Gemeinschaftshaus der Via Felsenau besteht aus zwei Wohnflügeln, die durch einen keilförmigen Erschliessungstrakt verbunden sind. Dass in diesem Bereich eine Betonkonstruktion errichtet werden musste, ist unsinnigen Auflagen der Stadtberner Behörden zu verdanken. (Nur wenige Kilometer entfernt, im Berner Oberland, hätte eine Holzkonstruktion den Brandschutzvorschriften entsprochen. Tatsache ist, dass Holz in seinem Brandverhalten einfacher kontrollierbar und unproblematischer ist als Beton und Stahl.) Jeder Flügel enthält drei Wohnungen mit je fünf Schlafzimmern und einem grossen Gemeinschaftsraum mit Küche und Nebenräumen. Den eigentlichen Gemeinschaftstreffpunkt bildet die der Cheopspyramide nachempfundene Glaspyramide. Sie ist von jeder Wohnung aus erreichbar und ermöglicht den Zugang zu Bühne und Saal.

Neben der eigenwilligen Form besticht das Haus durch eine konsequente Ausrichtung auf ökologische Erfordernisse. Das Regenwasser wird gesammelt und für die Spülung der Toiletten verwendet. Geheizt wird mit der Warmluft des Wintergartens und der Cheminées, welche mittels Wärmetauscher auch der Warmwassererzeugung dienen. Nur in Extremsituationen muss die Niedertemperaturheizung der Fernheizanlage zugeschaltet werden.

Ein Selbstbaumodell: Arbeit ist willkommen

Die Voraussetzungen für Lehmbauweisen waren im Ökohaus Via Felsenau ideal. Zum einen hatten viele der zukünftigen Bewohner beruflich mit Bauen zu tun, zum anderen sahen die Statuten vor, dass ein Zimmer mit achtmonatigem Einsatz bei geringer Entlohnung erarbeitet werden muss. Ein Architekt und zwei Handwerker der Gruppe entschieden sich nach Beratung durch Klaus Schillberg von «Ökologie in der Regio» und dem Besuch bereits bestehender Häuser für Holzleichtlehm, einer Technik, die auch von Laien gut ausgeführt werden kann. Ein leicht feuchtes Gemisch aus Lehm, Holzschnitzeln und Sägemehl wird in die Gleitschalung des Ständerbaus eingebracht und nur wenig gestampft. Die Lehmwand ist nach kurzer Zeit so stabil, dass die Gleitschalung für die nächste Holzleichtlehmfüllung vorbereitet werden kann. Die Überbauung soll in den nächsten Jahren durch zwei weitere Einheiten, die nach einem ähnlichen Modell errichtet werden, abgeschlossen werden.

In der Via Felsenau wurden allein für die Aussenwände über 100 Kubikmeter Holzleichtlehm verarbeitet, ein gesunder Baustoff mit guten Dämmwerten, der fast gratis anfällt. Kosten von 30 Franken pro Kubikmeter verursachen lediglich die Holzschnitzel, ein Material, das üblicherweise in der Papierherstellung verwendet wird. Der Rest ist Baugrubenaushub und Wasser.

Grössere Steine werden vom Ortlehm getrennt

Die Ausgangsmaterialien

Konstruktionsbeschreibung

Holzständerbau mit Holzleichtlehm für Aussenmauern in drei Geschossen, Dachdämmung mit Zellulosedämmwolle. Rohdichte der Lehm-Holzschnitzel-Mischung ca. 600 kg/m³ für Aussenwände. Trocknungszeit etwa 8 Wochen. (Zum Vergleich: Strohleichtlehm 1000 kg/m³ hat eine Trocknungszeit von mindestens 16 Wochen.) k-Wert des Holzleichtlehms ca. 0,4 bei einer Wandstärke von 35 cm mit zwei horizontal verlaufenden Schilfrohrmatten von 5 und 2 cm. Schilfrohr ist ein wertvolles Naturbaumaterial, das jährlich nachwächst, gute Dämmwerte aufweist und ein ausgezeichneter Putzträger ist.

Zur Bereitung des Holzleichtlehms wird mit 7 Schaufeln Lehm und 7 Liter Wasser im Zwangsmischer eine gut sämige, pastöse Lehmschlämme herstellt. Der in Bern verwendete, zu-

Holzhackschnitzel werden der Mischung zugefügt

Aussenwandkonstruktionen Via Felsenau

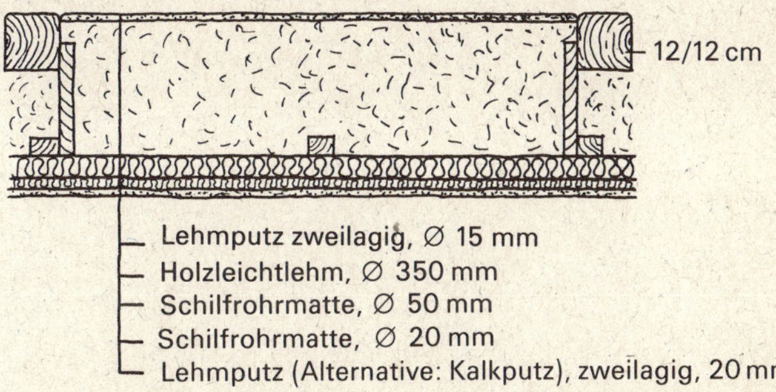

Baustelle mit dem Zwangsmischer für Holzleichtlehm

Aussenwände mit Holzleichtlehm ...

vor nicht eingesumpfte Lehm von der Baustelle hat einen Tongehalt von etwa 6%, was sich als ausreichend herausgestellt hat. In die fertige Lehmschlämme werden 7 Eimer à 10 Liter Holzmaterial eingearbeitet. Davon sind 5 Eimer grobe Hackschnitzel und je 1 Teil Hobelspäne und Sägemehl. Da das Sägemehl, selbst wenn es abgedeckt ist, Feuchtigkeit bindet, wird bei nassem Wetter der Anteil gesenkt, bei trockenem erhöht. Der eigentliche Regulationsprozess der Mischung läuft also über das Sägemehl ab. Dem einmal angemischten Holzleichtlehm sollte – das haben die Baustellenerfahrungen gezeigt – kein Wasser mehr zugegeben werden, da es sonst zu einer Entmischung kommt. Der Arbeitsablauf erfolgt also von Feucht zu Trocken – es wird Sägemehl zugesetzt, bis die für den Wandaufbau geeignete Lehm-Holzschnitzel-Mischung zufriedenstellt.

Der k-Wert des Holzleichtlehms erfüllt im übrigen bei weitem die Auflagen des Berner Energiegesetzes, das als strengstes der Schweiz gilt.

Lehmbauzukunft und Visionen von experimentellem Bauen und Wohnen

Der Lehmsiedlungsbau in der Berner Felsenau war in vielerlei Hinsicht beispielgebend und eröffnet gute Zukunftsperspektiven. Die nächste Etappe der Überbauung ist im Entscheidungsprozess und macht gute Fortschritte. Diesmal soll Wohnraum für Familien geschaffen werden.

... Fussböden mit Massivlehm gefüllt. – Schilfrohrmatten als Aussenisolation und Putzträger (unten rechts).

Der Bau gliedert sich in zwei Grundmodule, die flexible Grundrisse ermöglichen und beliebig erweiterbar sind. Dies soll eine gute soziale Durchmischung (Kinder, Eltern, Grosseltern, Alleinerziehende) fördern, die den persönlichen Bedürfnissen entgegenkommt. Auch die zweite Etappe wird wieder ein Lehmbau mit grossem Selbstbauanteil. Die Genossenschaft mit den verantwortlichen Architekten sucht augenblicklich eine möglichst selbstbaufreundliche Variante, die den Möglichkeiten der Gruppe entgegenkommt. Als Alternative steht offen: hinterlüftete Holzverschalung/Zellulosedämmwolle mit einer Hintermauerung mit selbstgemachten Massivlehmziegeln oder der bereits bewährte Holzleichtlehm mit Schilfrohrmatten.

Darüber hinaus werden die am Bau beteiligten Architekten Richard Garajek und Arwed Meier-Junginger ein Planungs- und Beratungsbüro für Lehm und Naturbauweisen eröffnen, und aus der Genossenschaft wird ein Handwerkerkollektiv für Lehmbauweisen herauswachsen, das vor allem von den grossen Erfahrungen im Bau mit Holzleichtlehm profitiert.

Die Visionen gehen aber noch weiter. Das Gesamtprojekt Via Felsenau wird vom Berner Stadtplanungsamt und dem Bundesamt für Wohnungswesen in jeder erdenklichen Weise gefördert. Der Direktor des Bundesamtes, Thomas Guggenheim, ist sogar Mitglied der Genossenschaft Via Felsenau. Das gelungene Pilotprojekt hat dazu geführt, dass die zuständigen Behörden heute wieder offen und gesprächsbereit sind, wenn es darum geht, Freizonen für nicht reglementiertes Bauen und experimentelles Wohnen zuzulassen. Eine Entwicklung, die neue Möglichkeiten eröffnet – auch für den Lehmbau.

Soziale Lehm-Öko-Utopie unter der Autobahnbrücke

Christian Bernhart und Stephan Hirschi, zwei der am Projekt Via Felsenau Beteiligten, beschreiben ihre Gedanken und Erfahrungen*:

«Die Halbpyramide ist unser Wintergarten. Heiss und stickig kann die Luft hier werden. Der Wintergarten mit seinem stachelig spitzen Abschluss ist ein Experiment. Wir sind ebenfalls ein Experiment; unser Haus ist ein Experiment: heimelig, originell, altmodisch und ungewöhnlich modern. Nichts von postmoderner Ästhetik, eher archaisch mit schier urwüchsiger Bodenständigkeit. Unsere Utopie kennt von Beginn an Argwöhner und Zweifler, wird weggewünscht vom Quartierverein und von Behördenmitgliedern. Heimlich wird sie bewundert von Sozio-Freaks, hirnlastigen Wohnutopisten. Es ist die Utopie der Via Felsenau, die in ihrer ersten Etappe 30 jungen Menschen das Wohnen im Öko-Haus zu günstigem Preis ermöglicht hat.

Kommst du vom Spinnereiweg durch den Haupteingang, stehst du im Eingangsspickel. Hier nimmt unser Wohnerlebnis den Anfang. Ebenerdig nach rechts gelangst du in den Wohnflügel, der nach Nordwest ausgerichtet ist. Du stehst im Wohn- und Küchenraum einer Fünfzimmerwohnung, siehst Türen zu fünf Schlafzimmern, die im Viertelkreis angeordnet sind. Auf der gegenüberliegenden Seite der Wohnung zieht die grosse Glaspyramide, die den Wintergarten bedeckt, deinen Blick auf sich. Und dann fallen dir die offene Balkenkonstruktion und die wellenförmig verputzten Holzleichtlehmwände auf. Du gehst zurück in den Eingangsspickel, trippelst links die Treppe ein Halbgeschoss hinauf und gelangst so zum linken Wohnflügel, dessen fünf Schlafzimmer die Fenster zur Ostfront haben. Diesmal beschreibt die Front keine Bogenform, sondern eine Gerade. Der linke Wohnflügel ist also ein Dreieck. (...)

Was ist das Nötigste, um zu verstehen, was auf dem Felsenau-Areal entstanden ist? Gehört dazu der Durchhaltewille, an dem die meisten unserer Gründungsmitglieder doch zerbrochen sind?

* Aus: Ökotatorte, Hrsg. Karl Johannes Rechsteiner, Bern, Zytglogge Verlag 1992.

Oder müssten die Eigenleistungen hervorgestrichen werden, die Tatsache, dass wir zu gut einem Drittel den Bau selbst erstellten und dadurch das fehlende Eigenkapital ersetzten? Und welchen Stellenwert nimmt die Planung ein, die Richard Garajek während Jahren auf Zusehen hin fast durchwegs im Alleingang zeichnete? Was hätten wir schliesslich getan ohne die Hilfe von Thomas Guggenheim, dem Direktor des Bundesamtes für Wohnungswesen, oder Hans-Ruedi Ramseier, Berns einflussreichstem Bauunternehmer, dessen Unmut gegenüber der verkrusteten Beamtenmentalität der Stadtverwaltung wir teilten, dessen politische Hinwendung zur hilflos rechtslastigen Bürgerbewegung ‹Entente Bernoise› uns hingegen erschaudern liess?

Haben wir mit unserer Genossenschaft eine nachahmenswerte Pioniertat begangen oder sind wir einfach unverbesserliche Utopisten, die alle bisherigen negativen Erfahrungen mit sozialen Experimenten in den Wind schlagen, weil wir daran festhalten, dass gemeinschaftliches Wohnen auch heute, im Zeitalter des grenzenlosen Individualismus, funktionieren kann?

Für Utopien braucht es in der Schweiz Starrköpfe. Wir sind starrköpfig, sonst hätten wir schon längst aufgehört. Ob diese Beharrlichkeit genügt, um die Utopie Wirklichkeit werden zu lassen, wissen wir nicht. Soviel wissen wir: Ohne Utopie würden wir in der reichen Schweiz ein sehr armes Leben führen. Für uns Grund genug, weiterzumachen.»

Via Felsenau,
Spinnereiweg 17, CH-3004 Bern,
Telefon 031/24 81 60.
Bauzeit: 1991–1993
Lehmbauberatung: Klaus Schillberg,
Ökologie in der Regio,
Metzgergasse 6, D-7814 Breisach,
Telefon 0 76 67/71 90.

Ein altes Fachwerkhaus zieht um

Wenn Fachwerkhäuser abgebaut und wiedererrichtet werden, finanziert das in der Regel der Steuerzahler. In Ballenberg im Berner Oberland ist auf diese Weise ein ganzer Museumspark mit schönen alten Häusern entstanden, von Schulklassen und Touristen bewundert, aber ohne eigentliches Leben. Kritiker sehen in einem solchen «historischen Flohmarkt» wenig Sinn, zumal Wohnraum dem Wohnen dienen und auch traditionelles Handwerk in unsere heutige Bauwirklichkeit einfliessen soll.

Familie Günther aus dem badischen Pfullendorf-Grossstadelhofen ging einen anderen Weg: Ein zu einem symbolischen Preis von DM 1,– erworbenes altes Fachwerkhaus wurde in traditionellen und modernen Lehmbautechniken wieder neu errichtet, und zwar als Wohnhaus zu einem Preis, der unter dem von Neubauten liegt. Von vornherein war es erklärtes Ziel, keine oder möglichst wenige Hausteile auf die Mülldeponie zu fahren. An Wochenenden wurde mit Freunden selbst Hand angelegt: Schöne, alte Fenster und Türen, die Holzverkleidung im Eckbankbereich und die gut erhaltenen alten Dielenböden wurden vorsichtig ausgebaut und zum Abtransport gestapelt, die unbrauchbaren Holzteile wurden zersägt und als Brennholz verwendet. Eine Baustoff-Recyclingfirma deckte das Dach mit den schönen Biberschwanzziegeln ab. Die alten Gefache und Lehmwickeldecken wurden vom Holz befreit, wobei sich zeigte, dass die mit Lehm umhüllten Staken noch gut erhalten waren. Die alte Strohlehmmischung wurde zur einen Hälfte von einem ortsansässigen Landwirt auf seine Äcker gefahren und in den Mutterboden eingearbeitet, die andere Hälfte diente zur Auffüllung des Kellergeschosses. Die mit den Holzarbeiten betraute, erfahrene Zimmerei numerierte sorgfältig jeden Balken und war auch beim Abbau der Holzkonstruktion beteiligt. So konnte schon in dieser Phase festgelegt werden, welche Holzteile ergänzt und welche komplett

Fachwerkhaus-Neubau mit Wetterdächern im Giebelbereich

neu ausgeführt werden müssen. Da mit den Abbrucharbeiten gleichzeitig eine grosse Scheune abgerissen wurde, fiel das für die Restaurierungsarbeiten benötigte Bauholz an. Lediglich die alten Blechdachrinnen und Ablaufrohre sowie Sanitär- und Elektroleitungen landeten beim Schrotthändler. Die schönen, alten Sandsteinplatten fanden dagegen auch am neuen Ort in der Küche wieder ihren Platz.

Im Fachwerkhaus leben bedeutet nicht wohnen wie im Mittelalter. Das hier gezeigte Haus verfügt über eine moderne, umweltschonende Haustechnik. Überall dort aber, wo es der Gesundheit und Behaglichkeit der Bewohner oder der Harmonie des Hauses dient, blieben die traditionellen Strukturen erhalten. Da das Haus keinen Keller hat, wurde ein Sockelfundament aus Leichtbeton – ohne jede Stahleinlage – errichtet, das im Sockelbereich im Übergang zur Eichenschwelle abgeschrägt wurde, damit das Niederschlags- und Spritzwasser an der Fachwerkschwelle gut abtropfen kann.

Ursprünglich sollten die Gefache der Aussenwände des Hauses in Eigenleistung mit Strohlehmleichtziegeln ausgemauert und eine zweite Strohlehmziegelwand innen vorgemauert werden. Durch einen Glücksfall fanden wir zu einer preiswerteren und zudem noch historisch authentischen Lösung. Jürgen Kreutzfeld, Lehmbauunternehmer aus Konstanz, der seit Jahren mit Weidengeflecht-Konstruktionen, Lehmputzen und Lehmöfen vielfältige Erfahrungen ge-

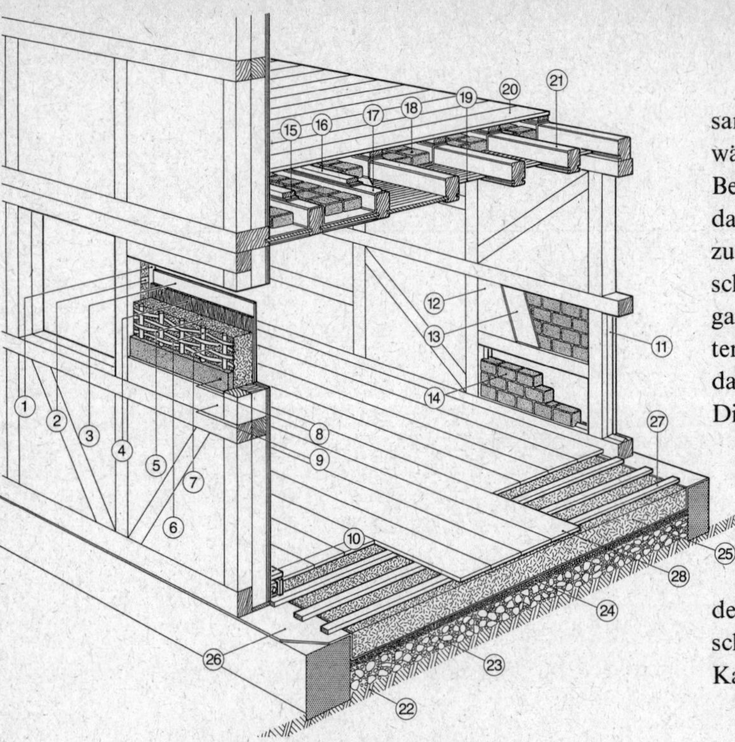

sammelt hat, erklärte sich bereit, die Aussenwände komplett in historischer Lehm-Geflecht-Bewurftechnik auszuführen. Er begann sofort damit, Weiden zu schneiden und Eichenstaken zu beschaffen, um das Flechtwerk zu bauen. Anschliessend wurde innerhalb von drei Tagen das ganze Haus von aussen mit einer neu entwickelten Strohlehmmischung beworfen, ein Vorgehen, das sich auf der Innenseite später wiederholte. Die gut wettergeschützten Traufseiten auf der Aussenseite wurden mit einem Lehmputz und einem Anstrich mit Kalk-Kasein-Farbe versehen, der hohe, im Wetterbereich stehende Fachwerkgiebel erhielt auf der Strassenseite einen Kalkputz und als weiteren Fassadenschutz drei Wetterdächlein, die nach historischem Vorbild angebracht wurden. Damit der Kalkputz sich mechanisch gut mit der Stroh-

Schnitt durch das Fachwerkhaus der Familie Günther

1 Innerer Ständer für Leiterkonstruktion
2 Abstandsholz für Leiterkonstruktion
3 Lehmputz mit Jutegewebe
4 Schilfrohrmatte als Putzträger
5 Holzleichtlehm-Aussenwanddämmung
6 Senkrechte Fachwerkstakhölzer
7 Weidengeflecht
8 Strohlehmbewurf
9 Aussenputz
10 Fussleistenheizung
11 Dreikantleiste zur Aussteifung
12 Lehmoberputz
13 Lehmunterputz
14 Massivlehmziegel-Ausfachung
15 Jutefilz-Trittschallstreifen
16 Lagerbretter
17 Jutefilz-Rieselschutzmatten
18 Deckenfüllung mit Massivlehmziegeln
19 Trapezleisten-Deckenkonstruktion
20 Dielenboden
21 Deckenbalken vorhanden
22 Vorhandenes Erdreich (gewachsener Boden)
23 Kalkschotter grob
24 Kalkschotter fein
25 Holzkalkbodenplatte (Holzbeton)
26 Horizontale Feuchtigkeitssperre
27 Lagerbretter
28 Dielenboden

Bodenschalldämmung I

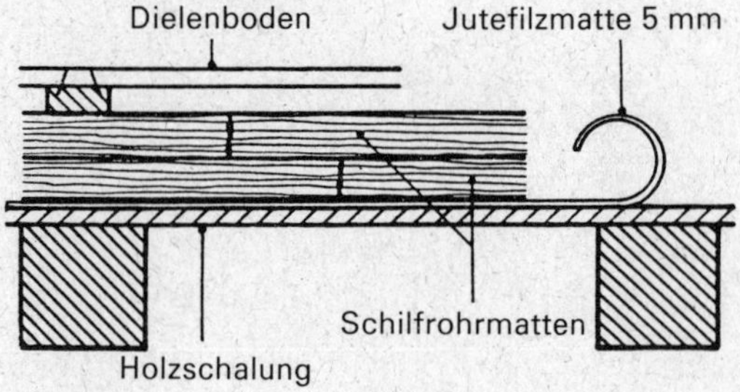

Aussenwand

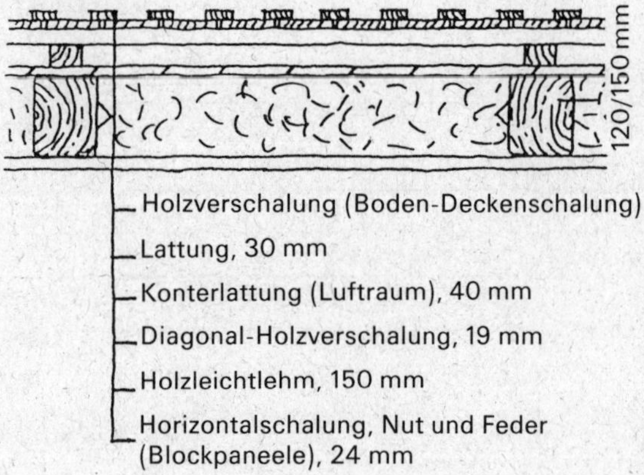

lehmwand verbindet, wurden mit den Fingern tiefe Löcher in die nasse Oberfläche gedrückt. Dies wird bei Restaurierungsarbeiten an historischen Lehmgefachen häufig vergessen. Der Kalkputz – als Wetterschutz gedacht – fällt dann nach kurzer Zeit ab, da er sich nicht mit der Lehmwand verbindet. Chemisch gesehen, sind Lehm und Kalk «Feinde», sie haften nur mechanisch aufeinander. Für die Innenwanddämmung der Fachwerkaussenwände wurde eine Holzleichtlehmmischung verwendet.

Die ersten Versuche und Erfahrungen mit dieser neuen Lehmbautechnik (auch in der Felsenau Bern angewendet, siehe Seite 31) zeigten, dass die Mischung nicht zu stark in die Schalung gestampft werden darf, da sonst die Wärmedämmung schlechter wird. Der Holzleichtlehm, eine Mischung aus Holzhackschnitzeln, Hobelspänen und Sägemehl, bestand seine Bewährungsprobe. Klaus Schillberg von «Ökologie in der Regio» hatte nach langen Versuchen hier endlich eine Lehmbautechnik gefunden, die bei richtigem Mischungsverhältnis und richtiger Verarbeitung nicht schwindet und eine kürzere Trocknungszeit aufweist als Strohleichtlehm. Hier war nun endlich eine schwundfreie Nasslehmtechnik mit ökologischen, natürlichen Zuschlagstoffen gefunden, die zudem in jeder Sägerei anfallen.

Um einen optimalen Schallschutz und eine gute Wärmedämmung zu gewährleisten, wurden die Innenwände mit Massivlehmziegeln und Lehmmörtel ausgemauert. Diese wurden anschliessend mit einem zweilagigen Fertiglehmmörtel verputzt. Auch bei der Decke über dem Erdgeschoss kam wieder Lehm zum Zuge: Zwischen die Deckenbalken wurden sogenannte Trapezleisten in die alte Nutverbindung eingebaut. Der von oben hereingedrückte und dann von unten verputzte Strohlehm bildet eine organisch gestaltete Lehmdecke.

Diese einfache Konstruktion wurde ausschliesslich von Freunden und Bekannten des Bauherrn ausgeführt, die zuvor noch nie bei Lehmarbeiten mitgewirkt hatten. Zur Verbesse-

Gehäckseltes Stroh für die Bewurfmischung.

Aufgerauhte Oberfläche mit eingedrückten Löchern als Putzträger für den Aussenkalkputz.

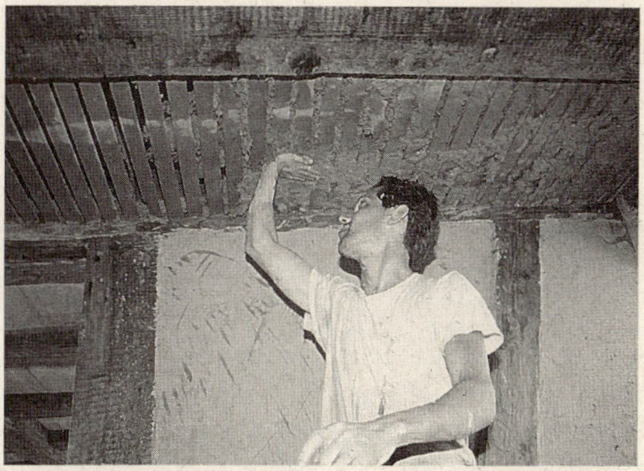

Trapezleistenlehmdecke, bei der Strohlehm von oben durchgedrückt und von unten verstrichen wird.

Aussenwand mit Weidengeflecht, bereits von innen mit Strohlehm beworfen.

rung der Wärmespeicherung und des Schallschutzes trug die Massivlehmfüllung bis Oberkante Decke bei, die noch einen Lehmfeinputz erhielt.

Auf die vorhandenen Balken wurde eine sichtbare Massivholzschalung verlegt, darüber Rieselschutzpapier. Als Dämmung wirken drei jeweils 5 cm dicke Schilfrohrmatten, die durch einen Bretterboden abgedeckt sind. Die gleiche Dämmung auch an den Dachschrägen, hier allerdings vierlagig.

Nach historischem Vorbild wurden die Holzkastenfenster erstellt. Eine Mischung aus historisch und modern stellt das Heizkonzept dar: Ein Lehmgrundofen gibt gesunde Strahlungswärme ab, die umweltfreundliche Gas-Brennwerttechnik, kombiniert mit einer Fussleisten-Wandstrahlungsheizung, dient als flexible Zusatzheizung.

Lösslehm aus dem Weinberg – ein hervorragendes Baumaterial

Wer aus einer Bauernfamilie stammt und in ländlichem Gebiet wohnt, hat oft das Glück, nach alter Tradition ein Baugrundstück vererbt zu bekommen. In Grossfamilien mit einem umfangreichen Freundes- und Bekanntenkreis sind meist auch viele Helfer für den Selbstbau vorhanden. Diese Voraussetzungen waren beim jungen Ehepaar Bender aus Maikammer gegeben, das mitten in einem bekannten Weinbaugebiet ein Grundstück geerbt hatte. Der Bruder der Bauherrin hatte gerade seine Lehre als Zimmermann beendet. Nach einigen Lehmbauseminaren und einem kurzen Baupraktikum an einigen Lehmbaustellen war er überzeugt, dass Schwester und Schwager mit ihm zusammen ein Lehmhaus bauen sollten.

Die Lehmprobe förderte einen bestens geeigneten Lösslehm zutage. Dies und der hohe Selbstbauanteil machten es möglich, sowohl für Deckenfüllungen, Dachdämmung, Aussenwände als auch für Innenwände den durch den Baugrubenaushub anfallenden eigenen Baulehm zu verwenden. Die Strohleichtlehm-Stampftechnik stand wegen des hohen Arbeitsaufwandes, der langen Trocknungsphase und Schwundproblemen von vornherein nicht zur Debatte.

Daher war vor allem der gelernte Zimmermann Gerhard Wilhelm von der Idee begeistert, den Bau in Holzleichtlehm auszuführen, also den Naturbaustoff Holz mit Lehm zu mischen. Nach einer Besichtigungsfahrt an einigen Holzleichtlehm-Baustellen wurden bei einem Sägewerk Holzhackschnitzel mit einem maximalen Rindenanteil von 4%, eine grosse Menge Hobelspäne und Sägemehl reserviert.

Die Aussenwandkonstruktion in Holzleichtlehm

Ursprünglich war vorgesehen, dass das ganze Haus aussen eine hinterlüftete Holzverschalung erhält. Die Lehmwand sollte eine Stärke von

Dachdämmung mit Holzleichtlehm im Selbstbau

40 cm haben, um eine sehr gute Wärmedämmung zu erreichen (k-Wert ca. 0,42). Nachdem die Holzkonstruktion erstellt war, zeigten sich die Bauherren von dem Fachwerkständer so begeistert, dass sofort der Wunsch nach einer sichtbaren Konstruktion im Aussenbereich aufkam. Mit Klaus Schillberg, dem Betreuer der Lehmarbeiten, wurde daraufhin festgelegt, im Erdgeschoss sämtliche Fachwerkwände von aussen sichtbar zu machen.

Konstruktionsbeschreibung

Die Aussenwände mit sichtbarem Fachwerk aussen zeigen im *Erdgeschoss* von aussen nach innen folgenden Aufbau:

- Zweilagiger Lehmputz an den wetterabgewandten Seiten (an der Wetterseite zweilagiger Haarkalkputz, Putzstärke d = 20 mm).
- Waagerechter Einbau von Holztrapezleisten (Dachlatten abgeschrägt im Winkel von 20°, wobei die kürzere Seite auf der Wandinnenseite liegt). Abstand der Trapezleisten 1 bis 2 cm.

Aussenwand mit Holzleichtlehm, unten mit Trapezleisten für späteren Aussenputz als sichtbares Fachwerk konstruiert.

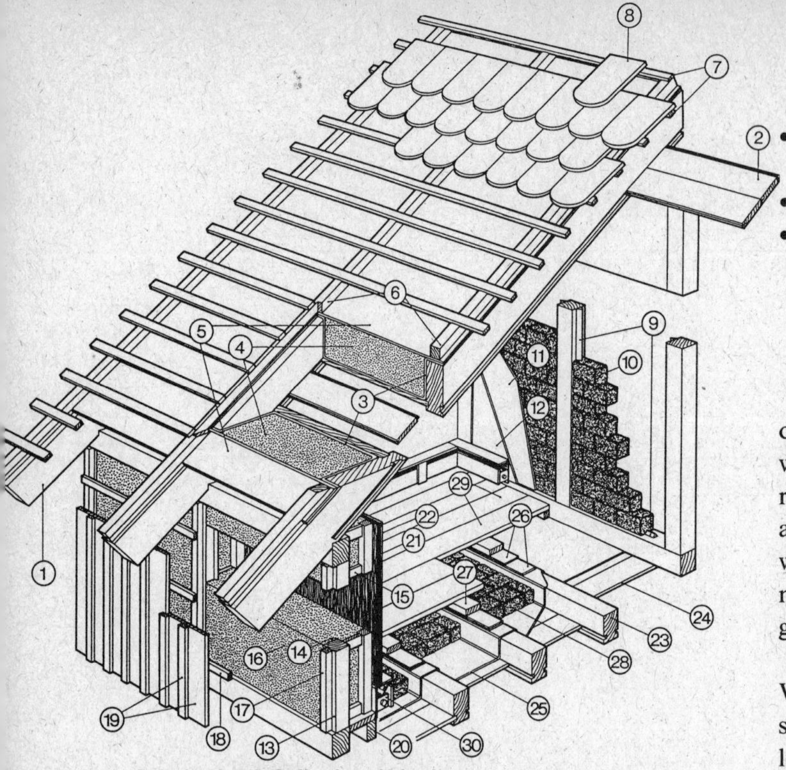

Schnitt durch Selbstbau-Lehmhaus (Dach, Aussenwand, Innenwand, Deckenschnitt)

1 Dachsparren, eingenutet
2 Sichtbare Holzschalung, zwischen Sparren eingenutet
3 Rieselpapier, hochdiffusionsoffen
4 Dachdämmung: Holzleichtlehm im Selbstbau, 170 mm
5 Unterdeckplatte, diffusionsoffen
6 Konterlattung zur Hinterlüftung
7 Dachlattung 24/48 mm
8 Dachziegeldeckung
9 Dreikantholzleiste
10 Geplantes Massivlehmmauerwerk, Ø = 11,5 cm (ausgeführt: historische Lehm-Geflecht-Bewurftechnik)
11 Lehmgrundputz
12 Lehmfeinputz
13 Holzständerwerk (statisch tragend)
14 Holzleiste zur Aussteifung
15 Distanzhölzer
16 Holzleichtlehm-Aussenwand im Selbstbau
17 Konterlattung
18 Lattung für Holzschalung
19 Holzverschalung aussen (nicht ausgeführt)
20 Innere Holzschwelle zur Lastabtragung
21 Putzträger Schilfrohrmatten, 2 × quer
22 Zweilagiger Lehmputz
23 Deckenbalken, genutet
24 Sichtbare Holzschalung, genutet zwischen Deckenbalken
25 Jutefilz-Trittschallmatte mit eingenähtem Rieselpapier
26 Jutefilz-Trittschallstreifen
27 Lagerbrett, 30 mm
28 Holzleichtlehm, 170 mm, für Wärmespeicherung und Raumschallschutz
29 Massivholzdielen
30 Fussleisten-Wandstrahlheizung

- Seitliches Anbringen von Holzhalteleisten, Stärke 35 × 35 mm, an die Fachwerkständer.
- Holzleichtlehmfüllung, Stärke d = 38 cm.
- Zweilagiger Lehmputz mit vollflächiger Putzträgereinlage aus Fasonéleinen (die Holzständer auf der Innenseite wurden vollflächig überputzt).

Im *Obergeschoss* wurde im Wetterbereich auf der Giebelseite, angelehnt an historische Aussenwandkonstruktionen, eine hinterlüftete, senkrechte Holzverschalung (Bodendeckelschalung aus Lärchenholz) ausgeführt, wobei die Lehmwände mit einer hochdiffusionsoffenen, paraffinierten Holzweichfaserplatte vor Feuchtigkeit geschützt wurden.

Die *Decke über dem Kellergeschoss* wurde zur Wärmedämmung und zum späteren Schallschutz (in einer späteren Bauphase wird das Kellergeschoss in eine Einliegerwohnung umgebaut) mit Holzleichtlehm in der Stärke von d = 170 mm gedämmt. Als Trittschallmassnahme wurden 15 mm starke Jutefilz-Trittschallstreifen auf die Deckenbalken aufgelegt, darüber Einbau der Lagerbretter, Stärke d = 40 mm, wobei der Zwischenraum mit Holzkalkestrich verfüllt wurde (damit keine unnötigen Hohlräume entstehen). Darauf wurde in der Küche und im Wohnzimmer im Erdgeschoss ein Massivholz-Dielenboden aufgebracht. Für den Wohnzimmerboden wurden historische, alte Dielenböden aus Baustoffrecyclingbeständen verwendet.

Im Flurbereich hatte die Bauherrschaft wunderschöne, alte Terrakottaplatten aus einem nahegelegenen Abbruch beschafft. Hier wurde der Fussbodenaufbau wie folgt ausgeführt: Auf das Lagerbrett wurde eine zementgebundene Holzfaserplatte aufgebracht, die Oberfläche wurde mit Silikatgrundierung vorbehandelt. Danach wurden die Terrakottaplatten mit Kasein-Universalkleber direkt auf die Holzfaserplatte aufgeklebt.

Für die *Decke über dem Erdgeschoss* wurde zur Wärmespeicherung Baustellenlehm verwen-

Der Bauherr bei der Verarbeitung von Holzleichtlehm

Moderne Lehmaufbereitung mit der Fräse am Traktor.

det, welcher aus statischen Gründen unter Zugabe von Holzhackschnitzeln etwas leichter gemacht wurde. Zur Verbesserung des Trittschallschutzes wurden 15 mm Jutefilz-Trittschallstreifen unter den Lagerbrettern angebracht. Im gesamten Obergeschoss wurden Massivholzdielen verlegt.

Für die *Dachkonstruktion* wurde als Dämmaterial Holzleichtlehm verwendet, wobei zur Verbesserung der Dämmwerte über den Dachsparren eine 50-mm-Schilfrohrmatte aufgelegt wurde. Darüber wurde eine hochdiffusionsoffene, an der Oberfläche paraffinierte Holzweichfaserplatte als Unterdachplatte aufgebracht. Das Dach wurde mit 40-mm-Konterlattung hinterlüftet. Als Dachdeckung dienten historische Biberschwanzziegel, in Doppeldeckung ausgeführt.

Der schwere Dachaufbau hat sich bis heute sehr gut bewährt, zumal in Maikammer ein hohes Lärmaufkommen durch tieffliegende Militärflugzeuge an der Tagesordnung ist. Dieser Dachaufbau ist aufgrund des hohen Zeitaufwands nur für Selbstbauer zu empfehlen. (Drei Leute führten die Lehmdämmung im Dach innerhalb von zwei Wochen aus.)

Es ist nur im Sommer möglich, Holzleichtlehm als Dachdämmung einzubauen, da mit einer zwei- bis dreiwöchigen Trocknungszeit gerechnet werden muss. In dieser Zeit wird das Dach mit einer Plane abgedeckt, die hinterlüftet ist.

Die Verfüllung mit Holzleichtlehm im Dach ergibt ein wunderbares Raumklima, insbesondere im Sommer, der in Rheinland-Pfalz in der Regel lang und heiss ist. Die meisten Dächer werden heutzutage mit sehr leichten Baustoffen gedämmt, was im Sommer zu unerträglich hohen Temperaturen führt. Aus statischen Gründen wurde die Holzleichtlehmmischung sehr leicht ausgeführt, mit einer Rohdichte von ca. 280 kg/m³.

In kälteren Wärmezonen sollte man zur Verbesserung der Wärmedämmung eine weitere 50-mm-Schilfrohrmatte aufbringen, damit ein Dämmwert von ca. 0,23 W/m² K erreicht wird.

Die *Innenwände im Erdgeschoss* wurden als sichtbare Holzfachwerkwände in der Holzstärke d = 15 mm aufgestellt. Ursprünglich war geplant, sämtliche Zwischenausfachungen mit Massivlehmziegeln der Stärke 11,5 cm auszuführen, einer einfachen, schnellen Trockenbautechnik.

Nachdem die Bauherrschaft aber an einem Seminar von Klaus Schillberg die historische

Trapezleisten im Erdgeschoss als Schalung und Putzträger für sichtbares Fachwerk aussen.

Lehm-Geflecht-Bewurftechnik kennengelernt hatte, wurden – zusammen mit vielen Freunden und Kindern an Wochenenden und nach Feierabend – sämtliche Innenwände im Erd- und Obergeschoss in dieser Technik ausgeführt. Hierzu wurden waagrechte Buchenstaken eingenutet, welche mit Weidenruten diagonal ausgeflochten wurden. Dann wurde ein Strohhäcksel-Lehm-Gemisch beidseitig in der Stärke von d = 12 cm aufgeworfen. Diese zeitaufwendige, aber handwerklich befriedigende Nasslehmtechnik wurde im Spätherbst/Winter zu einem Zeitpunkt ausgeführt, als das Haus noch keine Heizung hatte. Deshalb dauerte es bis in den März, bis die Strohlehmwände trocken waren. Dann wurde im Frühjahr ein einlagiger, mit mineralischen Zuschlagsstoffen bewehrter Lehmputz in der Stärke von 1,5 bis 2,5 cm rissfrei aufgebracht. (Bei dem mineralischen Zuschlagsstoff handelt es sich um Blähschiefer, der eine sehr geringe Rohdichte von 80 kg/m^3 hat.)

Im Flurbereich, im Erdgeschoss, als Trennwand zur Küche, wurde eine wunderschöne Ziegelmauer aus Baustoffrecyclingziegeln als Sichtmauerwerk erstellt.

Adresse: Theo und Elisabeth Bender,
Sylvanerweg 7, 6735 Maikammer
Telefon 0 63 21–5 85 59
Bauzeit: 1 Jahr
Lehmbauberatung: Ökologie in der Regio Breisach durch Klaus Schillberg

Blockhaus mit Holzleichtlehm-Aussenwand im Schwarzwald

Wie baut sich ein Lehmbaufachmann aus der ehemaligen DDR, der vor vielen Jahren in den Westen geflüchtet ist, im Schwarzwald sein eigenes Haus?

Reinholz Rönz plante ein landschaftstypisches Blockhaus in traditioneller Holzständer-Bohlenbauweise, dämmte die Blockbohlenwand auf der Innenseite mit Holzleichtlehm, welcher auch in den Deckenfüllungen über Keller- und Erdgeschoss verwendet wurde. Die Innenwände mauerte er mit Massivlehm und Strohleichtlehmelementen aus, das Erdgeschoss wird mit einem selbstgebauten Lehmofen beheizt.

Aussenwandkonstruktion

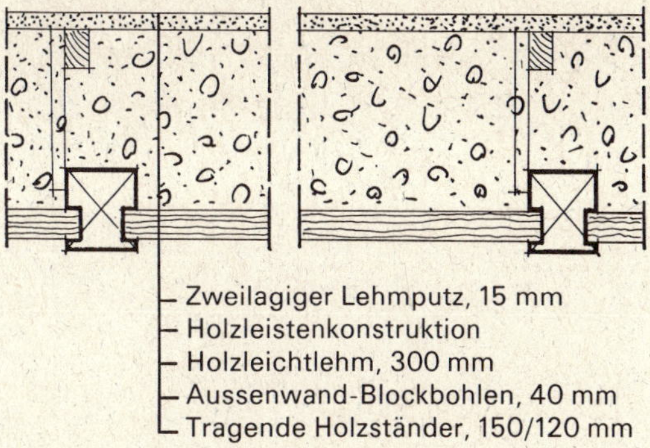

Bauherr und Architekt: Dipl.-Ing. Reinhold Rönz, Ortsstrasse 26, D-7298 Lossburg-Schömberg, Telefon 0 74 46/31 86.

Blockhaus mit Holzleichtlehm im Rohbau

Holz-Lehm-Gewerbehalle der Firma Möllinger

Gewerbehalle mit Wohnung – Wie Lehm Hautkrankheiten heilt

Die chronische Neurodermitis seiner Frau war der eigentliche Grund für den Zimmermann Ulrich Möllinger aus Lenzkirch, ein Wohnhaus mit Büro und Gewerbehalle in Naturbauweise mit Lehm zu erstellen. Er errichtete ein Ständerwerk, wie es im Hallenbau Tradition hat, fachte die Aussenwände mit Holzleichtlehm aus, dämmte das Dach mit Schilfrohrmatten und verfüllte die Leichtbau-Innenwände mit Sägemehl. Drei Monate nach Einzug ins neue Lehmhaus war die chronische Neurodermitis seiner Frau völlig ausgeheilt, und sie konnte sich den täglichen Weg zum Arzt und die Einnahme von Medikamenten ersparen. Zimmermann Ulrich Möllinger, der bis zu diesem Zeitpunkt viele Hallen und Blockhäuser mit gesundheitlich bedenklichen, üblichen Baustoffen errichtet hat, spezialisierte sich seit diesen positiven Erfahrungen auf das natürliche, umweltgerechte Bauen. Er errichtet gewerbliche Projekte in Lehmbauweise unter ausschliesslicher Verwendung von Naturbaustoffen.

Einfache und materialsparende Holzkonstruktion im Rohbau

Aussenwand

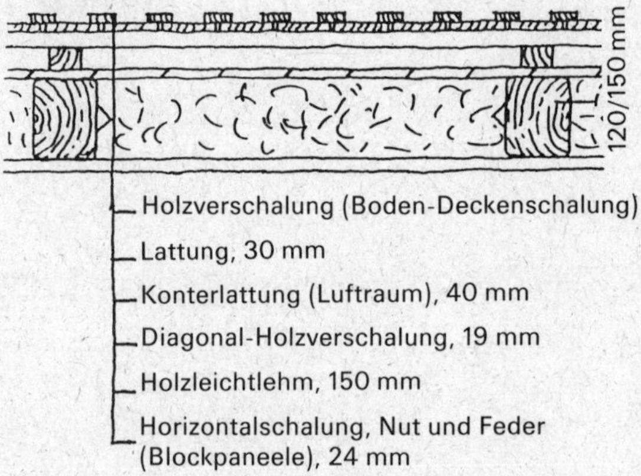

Bauzeit: 1 Jahr
Weitere Informationen: Oekologie in der Regio Schwarzwald, Ulrich Möllinger,
Im Gewerbegebiet 5, D-7825 Lenzkirch,
Telefon 0 76 53/91 69

Lehmbausiedlung, die in die Zukunft weist

Das Kölner Architekturbüro Reimund Stewen plante in Köln Blumenberg für eine ökologisch sensibilisierte Bauherrschaft eine Lehmbausiedlung, die beispielhaft in die Zukunft weist. Die Siedlungskonzeption stellt eine Symbiose zwischen ökologischer Notwendigkeit und menschlichen Bedürfnissen dar und will ein tragfähiges soziales Umfeld für gemeinschaftliches Wohnen und Leben schaffen. Zur besseren Grundstückausnutzung wurden in verdichteter Flachbauweise 14 Lehmhäuser gebaut, die meist als Reihenhäuser in Hausgruppen zusammengefasst sind. Jedes Haus ist individuell gestaltet. Hier zeigt sich, dass auch Reihenhäuser vielfältigen Wünschen gerecht werden können und sehr persönliche gestalterische Ausdrucksmöglichkeiten zulassen.

Die Grundrissplanung erfolgte nach dem Wärmehierarchiekonzept, nach dem die wenig beheizten Räume im Norden angeordnet sind, im Süden dagegen grosse Glasflächen die Sonne einfangen. Zur Wärmespeicherung wurden die Holzdecken mit Massivlehm verfüllt, die Haustrennwände (Brandmauern) und Innenwände mit Massivlehmziegel ausgemauert. Die Aussenwände wurden in Strohleichtlehm-Stampftechnik ausgeführt. Aber gerade im Siedlungsbau, bei dem Baustellenorganisation und Arbeitskontinuität besonders wichtig sind, stiess man mit dieser Technik an Grenzen. Vor allem die immensen Schwundprobleme führten dazu, dass sich die Baugruppe mit dem verantwortlichen Architekten im zweiten Bauabschnitt für die Verwendung von vorgefertigten Strohleichtlehmziegeln entschied. Die Strohleichtlehm-Stampftechnik erwies sich zudem als ausgesprochen lohnkostenintensiv, da der grösste Teil der Arbeiten nicht im Selbstbau ausgeführt werden konnte. Ein weiterer Nachteil war, dass die Stampftechnik nicht für den Winterbau geeignet ist. Aufgrund der vorgerückten Jahreszeit entschied man

Moderne Architektur mit Strohlehm-Aussenwänden – Siedlung Köln-Blumenberg

Transport des Strohlehms mit Förderbändern

Wasserkonzept (am Beispiel Haus 2 der ökologischen Siedlung Köln-Blumenberg)

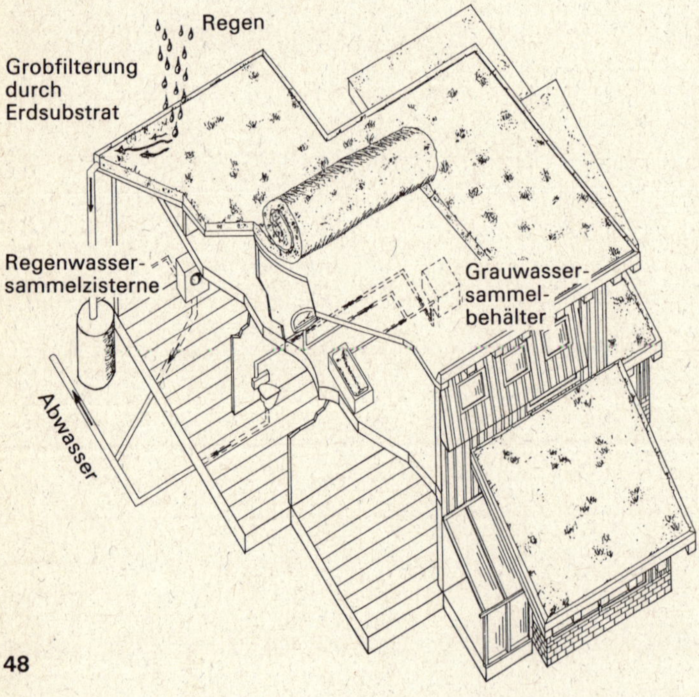

sich daher, im zweiten Bauabschnitt Lehmrohlinge zu verwenden, die als Speichermasse innen vor der gedämmten Wand liegen. In diesem Bauabschnitt wurde auch besonderes Augenmerk auf die Winddichtigkeit gelegt, die bei den ersten Häusern zu Problemen geführt hatte.

Alle Lehmwände erhielten einen zweilagigen Lehmputz, die Aussenwände wurden mit Holz verschalt. Das Gesamtprojekt wurde durch ein ausgeklügeltes ökologisches Wasserkonzept abgerundet: Das überschüssige Grauwasser fliesst vom Grasdach in den Grauwassersammelbehälter und in die Regenwasserzisterne. Von dort aus werden die Waschmaschine und die Toilettenspülung bedient. Einige Häuser sind mit Solarkollektoren zur Warmwasseraufbereitung ausgestattet. Die Heizanlage für die Siedlung besteht aus einer Gasbrennwerttherme mit Wandflächenheizung (unter Lehmputz verlegte Kapillarrohre, die warmes Wasser führen).

Um die Kosten zu senken, wurden viele Arbeiten in Eigenleistung ausgeführt. Obwohl viele Hürden zu nehmen waren, bewies Lehm seine Eignung im Siedlungsbau. Ein gelungenes Beispiel für Lehmarchitektur, die Raum für gemeinschaftliches Wohnen und Leben schafft.

Bauzeit: 4 Jahre
Lehmbauausführung: Peter Breidenbach, Nettetaler Strasse 106, D-4060 Viersen 11, Telefon 0 21 53/6 03 60.
Firma Zug um Zug, Bahnhofstrasse, D-5000 Köln
Weitere Informationen: Architekturgesellschaft Stewen, Breibergstrasse 2, D-5000 Köln 41, Telefon 02 21/42 64 68

Eine Musikerin renoviert ihr Fachwerkhaus im Selbstbau

Es gibt viele Möglichkeiten, die Lösung von Wohnungsproblemen in Angriff zu nehmen. Die einen bauen sich ein Dachgeschoss aus, andere mieten eine teure Wohnung am Rande der Stadt, kaufen sich eine Eigentumswohnung oder ein Einfamilienhaus. Die junge Musikerin Sabine Scheffel ging einen anderen Weg: Sie suchte ein altes Fachwerkhaus und wurde schliesslich in Kilianstädten in der Nähe von Frankfurt fündig. Das Objekt ihrer Wahl zeigte sich zwar stark verfallen, die alten Räume, Tür- und Fensteröffnungen waren jedoch noch ganz gut erhalten, und niemand hatte an dem Häuschen verschandelnd herumgepfuscht. Da die alten Lehmwände 200 Jahre grösstenteils unbeschadet überstanden hatten, kam für sie auch nur eine Sanierung in Lehm in Frage.

Haus Scheffel vor der Sanierung

Ich bin gross geworden in einem Bauhaus-Haus – nicht ungemütlich, sehr hell und klar –, danach wohnte ich in verschiedenen modernen Wohnungen. Dann sah ich zum erstenmal ein wirklich gemütliches altes Haus, renoviert mit unlackiertem, zum Teil ungeschliffenem Holz, mit Putz an den Wänden (keine Tapeten!), die alten Türen und Fenster mit ihren ebenmässigen, ruhigen Proportionen und dem sprechenden Holz und die knarrenden Holztreppen waren noch im Haus. Es erschien mir als Inbegriff aller nur denkbaren Gemütlichkeit, so wollte ich auch wohnen.

Ich dachte mir: Zu mieten gibt es sowas wohl nicht, also muss ich selber ein altes Fachwerkhaus finden und bei der Renovierung selber Hand anlegen.

Ich hatte sehr viel Glück: nach 1 Woche Suchen hatte ich «mein Haus» gefunden. Ich wühlte glücklich im «Dreck»: riss Tapeten und Linoleum heraus, legte Balken frei, entfernte alles «Nichtlehmige». Hier ist das meiste seit 200 Jahren aus Lehm und hat so das Holz erhalten, also ersetzt man das fehlende wieder mit Lehm. Als bau-unerfahrene Frau fühlte ich mich damals stark genug, um das ganze Häuschen schnell wieder auf Vordermann zu bringen. Wieder mit viel Glück fand ich Handwerker und einige Freunde, die beim Bauen nicht den sonst üblichen rauhen Ton anschlugen. Sie teilten mit mir die Ehrfurcht vor dem Werk der Hände – Hand-Werke im besten Sinne – und waren offen für meine ungewohnten Ideen. Sie lächelten oder lachten zwar, wenn ich schiefe Wände und unebene Putze akzeptierte, unterschiedliche Fussbodenniveaus schön fand, unebene und nicht «linientreu» verlegte Fliesen wollte, beim Nachmischen nicht exakt getroffene Farbnuancen nicht verbesserte – sie lächelten, aber sie sträubten sich nicht.

Immer wieder sass ich zwischen verschiedenen Stühlen: den gängigen Meinungen übers Bauen – schnell muss es gehen, gerade, sauber, eben, knallweiss, halten muss es ewig ohne Nachbessern, billig soll's sein – vertreten durch den Architekten und meine wohlmeinenden Nachbarn, und meinen eigenen, im Umgang mit dem Lehm sich immer deutlicher entwickelnden Ideen: ruhig krumm, individuell, abgerundete Kanten, vor Ort beim Bauen spontan entschieden. Die originellsten Sachen entstanden oft aus Notlösungen. Landschaften wollte ich um mich haben, das Auge soll «spazierengehen» können, die Räume sollen auch ohne Tapeten, Vorhänge, Teppiche und Möbel total gemütlich sein und Wärme und Geborgenheit geben. Ich formte eine Sonne aus

Lehm, um eine Pfuscherei der Zimmerer zu überdecken, ich liess eine alte schäbige kleine Tür ablaugen und vom Schreiner einen Türrahmen neu bauen, ich holte Spiegelreste vom Glaser, zerschmiss sie und drückte die Scherben als Mosaik in den Lehm, ich drückte Jutegewebe in den feuchten Lehmputz als «Textiloberfläche», ich experimentierte mit Farben (Lasuren!!!) und Ölen.

Wenn Bauen all das alleine wäre, würde ich sofort mein nächstes Haus anfangen!! Aber leider gibt es noch die vielen unschönen Seiten:

Geldsorgen. Das ewige Verhandeln. Das ewige Versetzt-werden von den Handwerkern, die «morgen» sagen und «in 4 Wochen vielleicht ...» meinen. Das Wetter: Gewittergüsse bei offenem Dach; der Gastank, der wegen Glatteis erst 2 Wochen später geliefert werden konnte. Lieferanten, die denken, eine Frau können sie schon mal übers Ohr hauen und die Heizung woanders gegen bares Geld verkaufen. Die Frau kann im Dezember bei Minusgraden ruhig noch 3 Wochen länger warten. Handwerker, die sich gönnerhaft hilfsbereit herablassen nach dem Motto: Dem armen Frauchen muss man schon helfen, und wenn sie merken, man ist kein Wachs in ihren Händen, dann ungerecht und launisch werden. Freunde, die einem nach bestem Gewissen todsichere Tips geben, welche sich aber später als total falsch erweisen (Verfugen von Cottofliesen!!!). Den Widerstand der Leute, die nicht verstehen, warum man anders bauen will und dass das trotzdem schön wird.

Durch solche Sachen habe ich mich als Frau, die den Männern vom Bau schliesslich glaubt, viel zu oft verrückt machen lassen. Da hilft nur Erfahrung, Mut zum «Zu-sich-Stehen», und – nicht immer vorhanden!!! – ein(e) wirklich uneigennützige(r) Berater(in) zur Seite, der/die einem Mut macht und Strategien bespricht für den manchmal notwendigen Kampf.

Aber es gibt auch solche Männer am Bau, die sich durch gute Verpflegung und korrekten kameradschaftlichen Umgang zu Höchstleistungen motivieren lassen, sowohl an Sorgfalt als auch an Arbeitspensum. Diesen Leuten konnte ich auch noch nach dem Bauen gerade in die Augen sehen.

Und heute wohne ich in meinem urgemütlichen Heim. Die Ideen dafür sind mir in dem Masse zugewachsen, wie ich in das Haus hineingewachsen bin. Die Besucher sind begeistert, sogar eine sehr kritische Denkmalpflegerin, die das Haus wegen handwerklich ungenügender Leistung, und weil es ein

Sie besuchte ein Lehmbauseminar, liess die Aussenwände und die Wärmedämmung innen mit Mineralleichtlehm erstellen, den Dachstuhl sanieren und mit Zellulosedämmwolle wärmedämmen. Nachdem auch noch die Fussleistenheizung entlang der Aussenwände eingebaut war, begann sie selbst, die Innenwände mit Lehmsteinen auszumauern, Fliesen zu verlegen, Wände zu verputzen und anzustreichen, Fussböden zu behandeln und alles für den Umzug vorzubereiten. Zum Erstaunen der Handwerker kreuzte sie an einem schönen Tag mit vielen Kisten und Möbeln auf, stellte sie alle in der Mitte des zukünftigen Wohnzimmers auf und begann, sich häuslich im Dach niederzulassen.

Von nun an nahm sie alle Entscheidungen wie die Gestaltung von Wänden, Decken und Details selbst in die Hand. In den Lehmputz im

Innendämmung der Aussenwände mit Mineralleichtlehm (LSM®) bei vorhandener Ausfachung aussen mit historischen Lehmziegeln

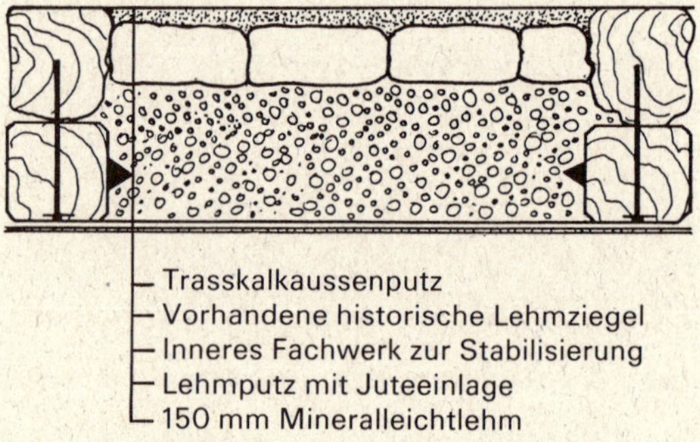

Aussenwände, mit Mineralleichtlehm (LSM®) ausgefacht

Arme-Leute-Haus war, nicht unter Denkmalschutz stellte, zeigte sich vom Innern äusserst beeindruckt.

Das Haus und ich sind noch nicht fertig zusammengewachsen, d. h. ich habe noch nicht fertig gebaut, aber ich bin mir sicher, dass es schön wird und dass ich vieles fachlich richtiger gemacht habe als manche autoritätsgläubige Männer. Wie für alle Prozesse, an denen man wirklich innerlich beteiligt ist, brauche ich zum «Mir-mein-Nest-Bauen» eben Zeit.

Sabine Scheffel, 4. Juli 1992

Lehmputz mit Jutegewebe

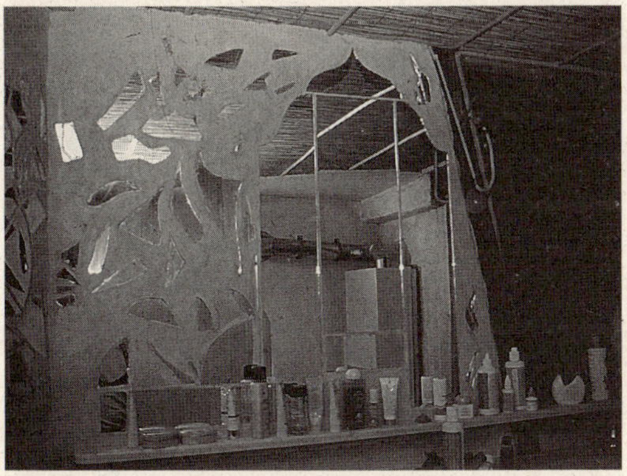

Spiegel-Mosaik in Lehmputz eingedrückt

Badezimmer wurden Spiegelscherben gedrückt, im Musizierzimmer überzog sie die Lehmwände mit einem Jutegewebe, mit dem sich lebendige Oberflächen strukturieren lassen.

Von aussen erhielten die Lehmwände einen speziellen Kalkputz, die alten Fachwerkbalken wurden mit Leinöl-Standfarben nach historischem Vorbild dreimal behandelt und auf die Putzflächen ein dreimaliger Anstrich mit selbstzubereiteter Sumpfkalk-Kaseinfarbe aufgebracht. Die Liebe auf den ersten Blick hatte sich erfüllt.

Haus Scheffel nach der Sanierung

Sabine Scheffel, Hüttenberg 10,
D-6369 Kilianstädten, Telefon 0 61 87/59 38
Bauzeit: 1½ Jahre

Südansicht Lehmhaus Schmitz in Lissberg

Die «Bauchentscheidung» der Marie-Luise Schmitz

Eine «Bauchentscheidung» nennt Marie-Luise Schmitz ihren Entschluss, mit Lehm zu bauen. Eine rationale Begründung hierfür kann sie nicht geben, sie war sich jedoch sicher, dass Lehm unter allen Alternativen der angenehmste Baustoff sein würde. Und auch in weiteren Punkten hatte Frau Schmitz klare Vorstellungen: Sie wollte Treppensteigen vermeiden und somit auf nur einer Wohnebene leben, und sie wünschte einen grossen Wintergarten.

Die Architektin entwickelte eine Konzeption, die sich mit quadratischem Grundriss und Pyramidendach an ein bestehendes Gartenhaus anlehnt und sich ideal in die Landschaft einpasst.

Lehm ist nach wie vor ein klassischer Selbstbau-Werkstoff – und auch Frau Schmitz hatte vor, zusammen mit Freunden am eigenen Haus selbst Hand anzulegen. In Abstimmung mit dem Lehmbau-Fachmann Klaus Schillberg fiel die Entscheidung zugunsten von Mineralleichtlehm, der relativ unkompliziert zu verarbeiten ist. Ausserdem war klar, dass die Lehmarbeiten in den Winter fallen würden, so dass sich auch von daher Mineralleichtlehm anbot. Strohleichtlehmziegel waren derzeit vergriffen.

Die Baukonstruktion hing unter anderem auch vom geplanten Energiekonzept ab: Die Architektin sah einen zentral gebauten Grundofen vor, mit dem – ohne Zusatzheizung – die gesamte Wohnebene beheizt und Warmwasser bereitet werden sollte. Deswegen mussten die Aussen- und Innenwände vorwiegend wärmespeichernd ausgelegt werden, wobei als Vorgabe der Bauherrin sowohl aussen als auch innen sichtbares Fachwerk zu berücksichtigen war.

Die Lösung lag in einem zweischaligen, homogenen Wandaufbau für die Aussenwände mit innenliegendem, 12 cm starkem Massivlehmwerk und äusserer Dämmschicht aus 30 cm Mineralleichtlehm. Die statisch nicht belasteten Innenwände wurden mit Massivlehmziegeln gemauert, die statisch tragenden Wände mit Kalksandsteinen.

Im Sommer 1989 war es soweit: Nach dem Aushub wurde zunächst der Keller mit Aussenwänden aus Kalksandstein fertiggestellt. Ausgeführt wurden zwei Abstellräume, ein Keller für den Regenwassertank und ein Vorratskeller sowie eine Waschküche. Nur der Hausanschlussraum und die Waschküche sind mit einer Betonplatte versehen. Der Vorratskeller erhielt einen Stampflehmboden, in den übrigen Räumen wurden in Sand verlegte Ziegelsteine als Bodenbelag gewählt, die Wände im Naturkeller mit Lehm verputzt.

Die Kellerdecke wurde als Ziegelfertigdecke mit darüberliegender, 15 cm starker Kalkleichtbetonplatte ausgeführt.

Dann rückten die Zimmerleute an, um das tragende Holzskelett zu errichten. Im Herbst 1989 schliesslich konnten die Lehmarbeiten beginnen. Für diese stand ein ganz normaler Beton-Freifallmischer bereit, in dem die Mineralleichtlehmmischung mit Blähton als Zuschlagstoff angerührt wurde. Per Schrägaufzug wurde diese Masse nach oben transportiert und dort zwischen Massivlehmmauer und äussere Holzschalung geschüttet und leicht verdichtet.

Holzbaukonstruktion im Rohbau

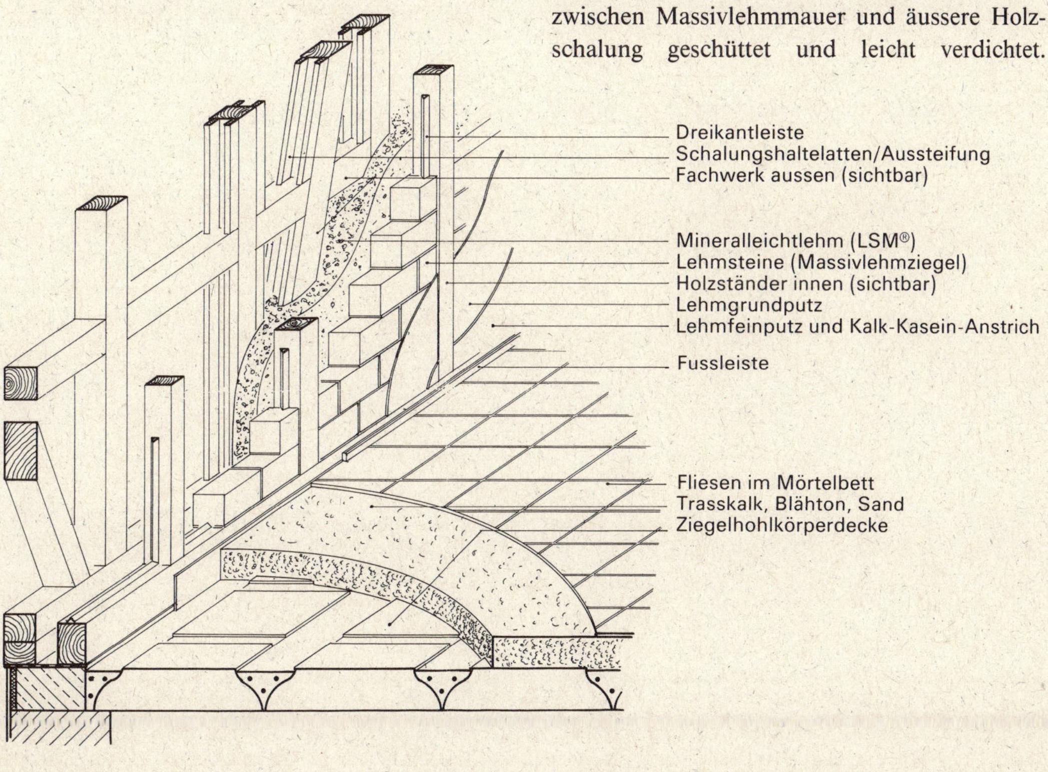

Hier lässt sich leben – Wohnzimmer im Lehmhaus Schmitz

Schwundprobleme konnten dabei nicht beobachtet werden, und die Trocknung ging recht schnell voran, da die trockenen Lehmziegel auf der Innenseite der Aussenwand die Feuchtigkeit des nassen Mineralleichtlehms stark aufnahmen und an die Wandoberflächen transportierten. Im Frühjahr 1990 wurden Lehmputze und Anstriche ausgeführt. Alle Wandflächen im Wintergarten und alle Innenwände erhielten einen Verputz aus zwei Lagen Lehm.

Auch im Badezimmer wurde mit Lehm gearbeitet: Damit die hervorragenden hygroskopischen Eigenschaften von Lehm voll zur Geltung kommen konnten, wurde der Spritzwasserbereich mit einer hinterlüfteten Holzschalung ausgeführt; die anderen Flächen wurden mit Lehm verputzt und anschliessend mit einem Sumpfkalk-Kaseinanstrich versehen.

Wer dem Lehm im Bad skeptisch gegenübersteht, kann sich von Frau Schmitz eines Besseren belehren lassen: Sie hatte inzwischen ausreichend Gelegenheit festzustellen, dass sich Lehm ausgesprochen positiv aufs Raumklima auswirkt. Es gibt keine beschlagenen Spiegel mehr, und die Haut bleibt nach dem Abtrocknen wirklich trocken.

Der Energieversorgung dient ein gemauerter Grundofen mit Warmwassereinsatz für Brauchwasser. Zugleich werden über Lüftungsklappen Bad und Küche mit Wärme versorgt. Ein Sonnenkollektor auf dem Dach heizt den Warmwasserspeicher im Dachgeschoss auf. Bad, WC und Waschmaschine werden durch eine Regenwassersammelanlage gespeist.

Insgesamt ist Marie-Luise Schmitz mit ihrem neuen Domizil rundum zufrieden. Vor allem von den klimatischen Bedingungen ist sie begeistert: Im heissen Sommer 1990 beispielsweise haben sich die massiven Aussenwände bestens bewährt, diese, der vorgelagerte Wintergarten und die gut dämmenden Kastenfenster hielten die Hitze wie gewünscht vom Innenraum fern. Und das gleiche System funktioniert auch im Winter hervorragend, dann nämlich wird die Wärme innen so gut gespeichert, dass auf eine Zusatzheizung verzichtet werden kann.

Das Lehmhaus von Frau Marie-Luise Schmitz in Ostenberg-Lissberg hat am 4. Dezember 1992 den vom Landratsamt Friedberg verliehenen Umweltschutzpreis 1992 des Wetteraukreises erhalten.

Bauzeit: 1¼ Jahre
Architektur: Monika Diefenbach-Strathmann, Architekturbüro, Neuhausssstrasse 11, 6000 Frankfurt 1, Telefon 069/5 96 35 37
Lehmbau: Ökologie in der Regio, 7814 Breisach
Anstriche, Holzbehandlung: Kreidezeit
Adresse: Marie-Luise Schmitz, Merzbergstrasse 16a, 6474 Ortenberg-Lissberg, Telefon 0 60 46/15 07

Umbau und Ausbau von Scheunen mit modernen Lehmbautechniken

Im Laufe der vergangenen Jahrzehnte veränderte sich die landwirtschaftliche Gewerbestruktur in unseren Dörfern sehr stark. Viele Bauern wanderten in das städtische Umland ab, verkauften ihre landwirtschaftlichen Flächen und teilweise auch ihre landwirtschaftlichen Gebäude. Viele Scheunen, Stallungen, Tabak- und Getreidespeicher stehen leer und verfallen. Auf der anderen Seite besteht eine grosse Nachfrage nach Wohnraum. Viele Gemeinden, insbesondere Vorortgemeinden von Grossstädten, können kein Bauland mehr ausweisen, und die Denkmalpflege stellt viele Bauernhöfe unter Denkmalschutz, die insgeheim als Abriss-Spekulationsobjekte von örtlichen Bauträgern eingeplant waren. In Deutschland, so z. B. im Bundesland Hessen, werden seit 1992 staatliche Förderprogramme für die Umnutzung von landwirtschaftlichen Gebäuden, insbesondere Scheunen, zu Wohnzwecken aufgestellt.

Viele historische Scheunen sind in ihrer Bausubstanz sehr gut erhalten, besonders dann, wenn die Holzkonstruktion von beiden Seiten gut belüftet war, die Dachdeckung regelmässig kontrolliert und nachgearbeitet wurde. Oft lagerten in landwirtschaftlichen Scheunen Unmengen von Stroh, Heu, Getreide, Tabak, so dass, statisch betrachtet, Decken- und Dachkonstruktionen sehr stabil gebaut waren. Eine typische Baukonstruktion ist die historische Fachwerkscheune, bei der die Aussenwände entweder mit historischen Massivlehmziegeln oder mit Lehm-Geflechttechnik ausgefacht sind. Oft findet man auch kombinierte Konstruktionen, wo das Erdgeschoss mit tragendem Bruchstein- oder Ziegelmauerwerk gebaut war und die Obergeschosse in Holzfachwerkbauweise errichtet wurden. Architektonisch gesehen sind Scheunen zu Wohnzwecken sehr gut geeignet, weil sie grosszügige Gestaltungsmöglichkeiten sowohl im Grundriss als auch in den Fassadenansichten bieten. Über das grosse Scheunentor können die Wohnräume sehr gut erschlossen werden, wobei es sich oft anbietet, verschiedene Wohnebenen zu planen.

Wie man im Selbstbau mit modernen Lehmbautechniken und Naturbaustoffen landwirtschaftliche Ökonomiegebäude zu Wohnzwecken umbauen kann, möchten wir im folgenden anhand zweier Projekte im Grossraum Frankfurt zeigen.

Fachwerksanierung und Scheunenausbau mit mineralischem Leichtlehm

Der Selbstbauer Herbert Debus erwarb in der Stadtmitte von Mörfelden, einem kleinen Städtchen südlich von Frankfurt, ein typisches Bauernhofanwesen: im hinteren Hofteil eine grosse Scheune, im Mittelteil ein ehemaliges Stallgebäude und im Eingangsbereich zur Strassenseite ein schönes altes Wohnhaus in Fachwerkbauweise mit historischen Lehmausfachungen. Die Denkmalpflege stellte das gesamte Anwesen unter Denkmalschutz, was aber nicht bedeutet, dass ein intelligenter Architekt nicht ein Planungskonzept für den Scheunenausbau unter Berücksichtigung der gesamten historischen Baustruktur vorlegen kann.

Die Ehefrau des Bauherrn, eine erfahrene Heilpraktikerin, richtete sich im vorderen historischen Fachwerkhausteil ihre neue Praxis ein. Sie legte grossen Wert auf guten Schallschutz und ein angenehmes Raumklima. Deshalb wurden im Fachwerkhaus historische Kasten-Doppelfenster eingebaut, die Aussenwände in einer Gesamtstärke von 35 cm mit einer homogen mineralischen Lehmausfachung erstellt. Die Fachwerkinnenwände mauerte der Bauherr mit massiven Lehmziegeln, die er aus einem Fachwerk-Abbruchhaus beschaffte. Die alten Lehmdecken wurden saniert, darüber wurden zur Deckendämmung 15 cm Schilfrohrmatten aufgelegt. Der wärmedämmende Fussbodenaufbau über Erdreich wurde mit Trasskalk-Leichtbetonboden-

Verglastes Scheunentor am Haus Debus

Innendämmung der Scheunenaussenwand

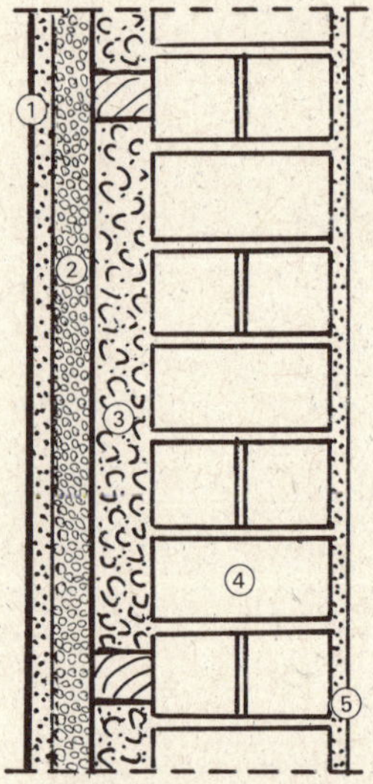

1 Zweilagiger Lehmputz
2 Schilfrohrmatte, 50 mm
3 Mineralischer Leichtlehm, 80 mm
4 Vorhandene Backsteinmauer, 240 mm
5 Kalkputz, 20 mm

platten in einer Gesamtstärke von 30 cm ausgeführt, darüber wurde ein Holzdielenboden verlegt.

Die grosse Scheune im hinteren Hofbereich stand seit Jahren ungenutzt da. Die Aussenwände waren aus 24 cm starkem Backsteinmauerwerk, der schöne historische Dachstuhl war sehr gut erhalten, das Dach mit alten Biberschwanzziegeln gedeckt.

Fachwerk mit Mineralleichtlehm ausgefacht

Es war aus baurechtlichen Gründen nicht möglich, die Backsteinfassade auf der Aussenseite zu dämmen, daher musste eine bauphysikalisch sinnvolle Innendämmung durchgeführt werden.

Mit einer Kombination aus 50 mm Schilfrohrmatten und 80 mm mineralischem Leichtlehm wurde das Tauwasserproblem gelöst. Bei einer innen gedämmten Backsteinwand befindet sich der Taupunkt, bei welchem im Winter grosse Mengen von Kondenswasser anfallen, immer im Grenzbereich von Backsteinaussenwand zur Innendämmung. Hier übernimmt der mineralische Leichtlehm den Feuchtigkeitstransport sowohl nach innen als auch zur Aussenwandseite. Da hier nur mineralische Zuschlagsstoffe verwendet wurden, können keine Schimmelpilzprobleme entstehen.

Mörfelden liegt im Anflugsbereich des Frankfurter Flughafens, wo im Durchschnitt pro Minute zwei Flugzeuge starten oder landen. Deshalb spielte bei der Wahl der Baukonstruktionen für den Dachaufbau das Thema Schallschutz eine sehr wichtige Rolle: Auf die Dachsparren wurde eine Massivholzschalung der Stärke 35 mm diagonal aufgebracht. Darüber verlegte man als Wärmedämmung Schilfrohrmatten und Holzweichfaserplatten, die Dachdeckung ist mit historischen Biberschwanzziegeln in schwerer Doppeldeckung ausgeführt.

Die Holzbalkendecke vom Erd- zum Obergeschoss wurde mit Massivlehm gefüllt, die Innenwände im Erdgeschoss mit Massivlehm und Strohleichtlehmziegeln ausgefacht. Die Innenwände im Ober- und Dachgeschoss konnten aus statischen Gründen nur als Leichtbauwände ausgeführt werden. Die Holzständerkonstruktion ist mit Holzweichfaserplatten ausgefacht, anschliessend wurde die Wand von beiden Seiten mit Schilfrohrmatten beplankt. Die grosse Öffnung des alten Scheunentores ist mit einem filigran gestalteten, modernen Massivholz-Isolierglaselement geschlossen. Sämtliche anderen Fensterverglasungen wurden wo möglich als Kastendoppelfenster mit Isolierverglasungen ausgeführt.

Alle Innenwände in Fachwerkhaus, Scheune und Mittelteil erhielten einen zweilagigen Lehmputz, die Oberflächen wurden mit Kaseinwandfarben gestaltet. Die Heizanlage wurde ebenso im Selbstbau ausgeführt: Als Heizaggregat ist eine Gasbrennwerttherme eingebaut, welche später mit einem Solarkollektorkreislauf gekoppelt wird. Entlang der Aussenwände montierte Herbert Debus eine Fussleistenheizung, die einen hohen Strahlungsanteil und angenehmes Raumklima garantiert.

Der ehemalige Stall im Mittelteil war stark zerstört und wurde komplett abgerissen. Mit viel Liebe errichtete der Selbstbauer eine Sandsteinaussenwand, welche zur Verbesserung der Wärmedämmung auf der Innenseite eine zweite Mauerschale mit porosierten Hochlochziegeln erhielt. Auch hier wurden sämtliche Innenwände mit Lehm verputzt und mit einem zweimaligen Kaseinanstrich behandelt. Das ökologische Gesamtkonzept wurde mit einer Regenwassersammelanlage vervollständigt.

Bauzeit: 2 Jahre
Bauingenieur und Architekt: Walter Schmitt, Westendstrasse 62, 6082 Mörfelden-Walldorf, Telefon 0 61 05/2 57 10
Bauherr: Herbert Debus, Langgasse 36, 6082 Mörfelden-Walldorf, Telefon 0 61 05/2 59 51

Umbau einer Fachwerkscheune zum Wohnhaus

Wie man eine dreigeschossige Fachwerkscheune in ein mehrgeschossiges Mietshaus verwandelt, demonstrierte der Reichelsheimer Selbstbauer Wolfdieter Heidorn. Er organisierte aus Abbruchhäusern historische Biberschwanzziegel, dämmte das Dach mit vier Lagen Schilfrohrmatten in der Gesamtstärke von 20 cm.

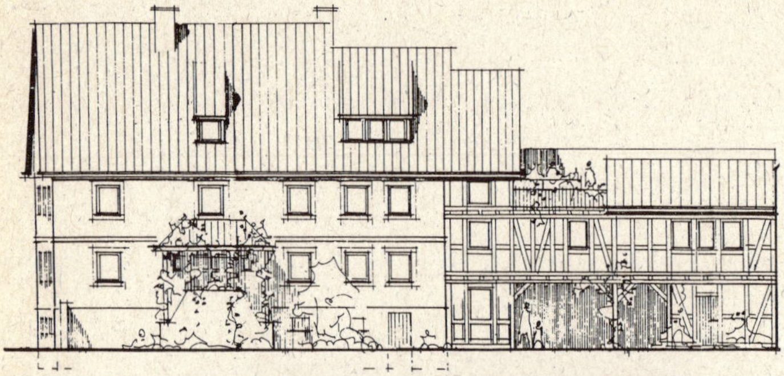

Fassadenansicht Scheunenprojekt Heidern (Hofansicht)

Deckenfüllung mit Schilfmatten und Baustellenlehm

Aussengefache mit Strohleichtlehmziegeln ausgemauert

Die gut erhaltenen, historischen Lehmgefache in den Aussenwänden wurden restauriert und auf der Innenseite mit 150 mm mineralischem Leichtlehm gedämmt. Ursprünglich enthielten die Aussengefache ausschliesslich Lehm; im Laufe der vergangenen Jahrzehnte waren jedoch die unterschiedlichsten Ausfachungsmaterialien wie Backsteine und Bimssteine eingemauert worden. Hier eignet sich aus bauphysikalischen Gründen immer eine Innendämmung mit mineralischem Lehm.

Die auf der Hofseite fein gestaltete Fachwerkfassade ist mit Strohleichtlehmziegeln ausgemauert. Der hohe Fachwerkgiebel, bei welchem sämtliche Ausfachungen so zerstört waren, dass sie komplett entfernt werden mussten, wurde mit insgesamt 35 cm mineralischem Leichtlehm in einem Arbeitsgang ausgefüllt. Anschliessend wurde der an der Wetterseite stehende Giebel nach historischem Vorbild mit hinterlüfteten Schieferplatten verkleidet. Die Holzbalkendecke zum Obergeschoss ist mit Massivlehmziegeln verfüllt, die darüberliegende Decke zum Dachgeschoss erhielt eine Füllung aus Schilfrohrmatten und Lehm. Sämtliche Innenwände wurden mit Massivlehmziegeln ausgemauert und erhielten, wie alle Wände im Haus, einen zweilagigen Lehmputz mit Kaseinanstrich. Der Fussbodenaufbau auf das gewachsene Erdreich im Erdgeschoss ist mit einer wärmedämmenden Kalk-Leichtbetonplatte der Stärke 25 cm in Selbstbau ausgeführt.

Der Bauherr wurde von dem Wetterauer Denkmalpfleger Gustav Jung bei der Wahl von Lehm als Ausfachungsmaterial sehr unterstützt. Es hat sich bei den Denkmalämtern mittlerweile herumgesprochen, dass die Restaurierung von Fachwerkhäusern mit historischen und modernen Lehmbautechniken wohl am besten zu bewerkstelligen ist – viele Denkmalpfleger führen ein dickes Bauschadensbuch, worin Sanierungsprojekte mit fragwürdigen modernen Baukonstruktionen und Baustoffen verzeichnet sind, die mittlerweile selbst wieder sanierungsbedürftig sind.

Bauzeit: 1½ Jahre
Wolfdieter Heidorn, Römerberg 4,
6361 Reichelsheim

Trockenlehmtechniken

Das heutige Baugeschehen ist überwiegend auf Trockenbautechniken mit sehr kurzen Zeitvorgaben, hohem Maschinen- und Kapitaleinsatz ausgerichtet. In dieses Umfeld wird sich die weitere Lehmbauentwicklung nur dann einfügen lassen, wenn auf der Baustelle – ob Fachwerksanierung oder Lehmhausneubau – folgende Bedingungen erfüllt sind:

- Einfache, rationelle Baustelleneinrichtung (Produktlagerung auf stapelbaren Paletten), weitere Produkte wie z. B. Lehmputze sollten als Sackware oder Siloware gelagert werden können.
- Die Verarbeitung der Naturbaustoffe muss mit den am Bau vorhandenen gängigen Maschinen möglich sein.
- Der Bauablauf sollte nicht durch zu lange Wartezeiten beispielsweise wegen der Trocknung von bestimmten Bauteilen beeinträchtigt werden.
- Die Verarbeitung der Baustoffe sollte schnell und einfach möglich sein.
- Konstruktionen und Aufbauten müssen so einfach wie möglich konzipiert sein, damit auch Selbstbauer oder ungelernte Bauhandwerker damit umgehen können.
- Naturbaustoffe müssen erschwingliche Preise haben und auch in Konkurrenz mit marktüblichen Produkten treten können.
- Alle beim Lehmbau verwendeten Baustoffe sollten von vorbildlicher ökologischer Qualität sein (geringer Energieaufwand sowohl bei der

Traditionelle Herstellung von Lehmziegeln im Selbstbau in Afrika.

Selbstbauer in der Schweiz beim Herstellen von Lehmziegeln.

Bearbeitung von Strohlehmziegeln mit dem Fuchsschwanz.

Herstellung als auch bei der Verarbeitung, kurze Transportwege, volle Recyclingfähigkeit, keine Gesundheitsgefährdungen für Hersteller, Verarbeiter und Bewohner von Häusern).

- Gesetzlich vorgeschriebene Normen – Schall- und Brandschutz, Wärmedämmung – sollten von Lehmbaustoffen ebenso gut wie von vergleichbaren modernen Baustoffen erfüllt werden.

Man mag bedauern, dass Naturbauweisen in einen in vielen Punkten unsympathischen Rahmen hineingezwängt werden, doch lassen sich Marktgesetze und Erwartungen nicht ohne weiteres aufheben.

Tatsache ist, dass in den letzten zehn Jahren für den Lehmbau – vor allem durch unfachgemässe Ausführung von Nasslehmtechniken – grosse Imageprobleme entstanden sind. So äusserten an Fachmessen wie Constructa und Deuba Denkmalpfleger viel Kritik – bezüglich fachlich unkompetenter Ausführung von Sanierungen, Trocknungs- und Schimmelpilzproblemen – und vereinzelt positive Rückmeldungen.

Lange Trocknungszeiten verteuern ein Projekt. Immer wieder kommt es zu ähnlichen, vermeidbaren Fehlleistungen, etwa dass Lehmbaufirmen im Herbst Deckenfüllungen mit Strohleichtlehm machen, die bis zum Frühjahr nicht mehr trocknen. Dies macht dann äusserst unangenehme und teure Schimmelpilzbekämpfungsmassnahmen, in einigen Fällen sogar Holzschwammbehandlungen nötig.

Ein weiteres Problem stellt das exakte Berechnen der Kosten von Lehmbautechniken dar. Für ein Gesamtprojekt wird das vor allem dann schwierig, wenn Lehmbaufachbetriebe beispielsweise ausschliesslich Lehmwände erstellen, die nachfolgenden Handwerker jedoch keine detaillierten Angaben über die weitere Oberflächenbehandlung (Putze und Anstriche), die Dübelfähigkeit der erstellten Lehmwände, Installations- und Elektroleitungen oder Fliesenarbeiten erhalten.

Als Alternative zu den Nasslehmtechniken werden heute Strohleichtlehmziegel, Holzleichtlehmziegel und luftgetrocknete Massivlehmziegel im Trockenbau verarbeitet. Diese werden nach jahrelanger Entwicklungsarbeit heute standardisiert produziert.

Strohleichtlehmziegel

In einem speziellen Zwangsmischer mit Hochleistungswirbler stellt die Firma Lehm & Stein, Christian Köllner, in Schernau-Dettelbach (bei Würzburg) eine intensiv aufbereitete, pastöse

Lehmmischung her. Hierbei wird vor Ort vorhandener Ziegellehm mit einheitlichem Tongehalt verwendet. Damit die Rohdichte und die Wärmedämmwerte in gleichbleibender Qualität geliefert werden können, sind Lehm- und Wasseranteile genau dosiert. Als wärmedämmende Zuschlagsstoffe werden Strohhäcksel, Restholzteile (Holzhackschnitzel) sowie Gersten- und Roggenstroh der fertig angemischten pastösen Lehmmasse beigegeben. Auch diese wärmedämmenden Zuschlagsstoffe werden in einem speziell entwickelten Verfahren genau dosiert.

Nach intensivem Mischprozess wird die Stroh-Lehm-Holz-Masse in eine Wiegeform gegeben. Unmittelbar vor dem Pressvorgang wird nochmals eine exakte Gewichtsbestimmung durchgeführt, wobei hier, bezogen auf das Steinformat, die jeweilige Rohmasse im Nasszustand gewogen wird. In der Lehmpresse wird die Strohlehmmasse im Stampfverfahren unter langsam zunehmendem Stampfdruck gepresst (kein Vakuum-Pressverfahren). Die Steinformen sind so konstruiert, dass an drei Seiten eine gleichmässige Nut eingepresst ist. Beim Vermauern an der Baustelle entfällt damit das zeitaufwendige Aussägen der Nut zum Fachwerkanschluss mit Dreikantleisten. Anschliessend werden die Lehmziegel zur Trocknung in Trockengestelle gefahren. In der warmen Jahreszeit (von April bis September) wird ausschliesslich an der Luft getrocknet, im Winter in Trockenöfen mit Hilfe von Heissluft. Zur Zeit wird ein Blockheizkraftwerk zur Trocknungsverbesserung geplant. Nach der Trocknung der Lehmsteine werden diese auf handelsübliche Paletten gestapelt, mit Transportfolie verschweisst und an die Baustelle geliefert. Den unterschiedlichen Anwendungsgebieten im Baubereich entsprechend sind Strohleichtlehmziegel in zwei Rohdichten im Angebot: N-1-Ziegelelemente mit 650 kg/m^3 und N-2-Ziegelelemente mit 850 kg/m^3.

Das gängigste Format ist d = 16 cm, h = 25 cm, b = 30 cm. Des weiteren werden Strohlehmplatten der Stärke d = 12 cm, b = 30 cm, h = 25 cm sowie in weiteren Grössen (Sondermasse) hergestellt.

Als Mörtel zur Vermauerung von Strohleichtlehmziegeln wird eine fix und fertig angemischte, in Säcken verpackte Lehmmörtelmischung mitgeliefert. Hierbei handelt es sich um fein gemahlenen, getrockneten tonhaltigen Lehm (12,5% Tongehalt), welchem an der Baustelle lediglich Sand und Wasser beigemischt wird. Mit dem gleichen Lehmmörtel kann in einem Arbeitsgang auf der Innenseite ein zweilagiger Lehmputz aufgetragen werden.

Je Quadratmeter Wandfläche bei einer Stärke d = 16 cm betragen die Materialkosten für Strohleichtlehmziegel ab Hersteller DM/Fr. 45.–, zuzüglich Transportkosten und Mehrwertsteuer, Materialkosten für Lehmputze betragen je Quadratmeter DM/Fr. 2.– bis 3.–.

Durch weitere Automatisierung des Herstellungsprozesses, verbunden mit einer höheren Produktionsleistung, werden die Produktpreise künftig noch sinken. Das erklärte Ziel der Herstellerfirma ist es, innerhalb der nächsten zwei bis vier Jahre Strohleichtlehmziegel so konkurrenzfähig zu machen, dass sie zu gleichen Preisen wie Gasbetonelemente angeboten werden können.

Strohleichtlehmziegel können in folgenden Bereichen verwendet werden:

- Innendämmung von Fachwerkaussenwänden
- Ausfachung von historischen Gefachen (aussen und innen)
- Nichttragende Innenwände im Neu- und Altbaubereich sowie wärmedämmender und wärmespeichernder Deckeneinschub im Alt- und Neubau
- Innendämmung der Aussenwände an neuerer Bausubstanz mit schlecht gedämmten Aussenwänden
- Schallschutzsanierungsmassnahmen an historischen Fachwerkgebäuden (durch Innenvormauerung der Aussenwand)
- Aussenwände bei Lehmhausneubauten.

Einmann-Lehmziegelpresse im Einsatz.

In der Baustellenpraxis hat sich die Bearbeitung der Strohlehmsteine (Sägen) mit modernen Bandsägen mit gehärtetem Blatt bewährt (z. B. Gasbeton-Bandsäge, mit Widia-Blatt bestückt). Zur Bearbeitung von kleinen Mengen im Selbstbau eignet sich auch ein elektrischer Fuchsschwanz, ebenfalls mit gehärtetem Sägeblatt (Alligator-Steinsäge).

Selbstherstellen von Strohleichtlehmziegeln

Einige Selbstbauer haben bei ihren Projekten ihre Strohlehmziegel in zeitaufwendiger, aber befriedigender Eigenleistung selbst hergestellt (siehe Seite 68). In einfache Holzformen wird ein durchgemauktes Stroh-Lehm-Gemisch eingestampft, in der Regel einen Tag später ausgeschalt und in Gestellen getrocknet.

Für die Selbstherstellung von Strohleichtlehmziegeln an der Baustelle wird sehr viel Platz zur Trocknung benötigt. Zum anderen ist eine sehr lange Trocknungsdauer einzuplanen, in der Regel 8 bis 12 Wochen. Beim Anrühren der Strohleichtlehmmasse in Selbstbauweise ist ein sehr hoher Wassergehalt im feuchten Stein die Regel: ein Strohleichtlehmziegel im Standardformat 15 × 30 × 25 cm enthält etwa 9 Liter Wasser. Bei der Produktion des gleichen Ziegelformats in spezialisierten Betrieben konnte der Wassergehalt auf etwa 2,5 Liter reduziert werden. Der Faktor Zeit muss also berücksichtigt werden, und genügend Trocknungsgestelle – geschützt vor Regen – müssen vorhanden sein. Es ist oft vorgekommen, dass wegen mangelnder Organisation feuchte Steine vermauert wurden, was zu Schwundproblemen und unter Umständen gar zu Schimmelpilzbildung führte.

Dennoch können handgefertigte Lehmsteine neue Akzente setzen. Sicher können wir heute nicht mehr so bauen wie früher, das ist auch nicht das Ziel. Vergleiche mit alten Häusern zeigen aber, was unseren heutigen Häusern oft fehlt. Handgeformte Lehmsteine können da wieder korrigierend wirken und eine geistige, gefühlsmässige, eine menschliche Dimension zum Ausdruck bringen. Die Stimmung und die Art des Bauens prägen auch den Bau selbst.

Holzlehmziegel für den Lehmhausbau und für die Fachwerksanierung

Als Weiterentwicklung der im modernen Lehmbau oft verwendeten Holzleichtlehmtechnik haben einige Lehmbaufachbetriebe vorgefertigte Holzlehmziegel entwickelt und damit auch die Möglichkeit geschaffen, mit Holzlehm in

Trockenbauweise arbeiten zu können. Sie eignen sich für folgende Anwendungen:

- Ausmauerung von Fachwerkaussenwänden im historischen Fachwerkbau
- Schallschutz-Innenvorsatzschale bei Fachwerkaussenwänden
- Ausmauerung von Innenwänden im Alt- und Neubaubereich, wo die vorhandene Statik keine Masivlehmziegelmauern erlaubt
- Als Deckeneinschub im Alt- und Neubaubereich als die etwas (gewichtsbezogen) leichtere Alternative zu Massivlehmziegeln
- Für Heizwände mit speziellen Formaten, die als Wandstrahlungsheizungen mit eingeputzten Heizrohren gemauert werden.

Holzlehmziegel (im Lehmbau mit HOLE abgekürzt) sind in folgenden Formaten erhältlich:

NF-Formate 24 × 11,5 × 7,1 cm
24 × 10,5 × 10,5 cm
21 × 10,5 × 10,5 cm

sowie Spezialformate (Thermo-Holzlehmziegel) für Heizwände. Holzlehmziegel haben, was die Wärmedämmeigenschaften betrifft, den Nachteil, dass sie relativ schwer sind (Rohdichten von 1100–1200 kg/m³). Somit beträgt die Wärmeleitzahl: 0,41–0,49 W/m²K.

Der Herstellungsprozess ist weitgehend technisiert, so dass die angebotenen Verkaufspreise für den Selbstbauer und Lehmbaufirmen sehr interessant sind (z. B. kostet der Holzlehmziegel im NF-Format 0,85 DM/Stück ab Lager).

Holzlehmziegel werden mit nicht vakuumisierten Strangpressen hergestellt, wobei als einzige Rohstoffe Lehm, Hobelspäne, Holzhackschnitzel, Sand und Wasser beigemischt sind.

HOLE-Ziegel sind auf Europaletten zu 380 bis 416 Stück/Palette gestapelt und werden mit Lehmmörtel in gleicher Weise wie Massivlehmziegel vermauert und verputzt.

Weitere Informationen bei: Ökologie in der Regio, Metzgergasse 6, 7814 Breisach, Telefon 0 76 67–71 90, Fax 0 76 67–8 03 25

Massivlehmziegel und Massivlehmplatten

Eine verbreitete Lehmbautrockentechnik ist die Verarbeitung von luftgetrockneten Massivlehmziegeln im Innenbereich und für Deckenfüllungen. Diese Technik wird von allen Lehmbaufachbetrieben seit Jahrzehnten erfolgreich angewendet.

In Deutschland, in der Schweiz und in Holland haben sich etwa 22 kleine ältere Ziegeleibetriebe auf die Produktion von Massivlehmziegeln spezialisiert, oft deshalb, weil sie finanziell nicht in der Lage waren, die mehreren Millionen DM oder Franken zu investieren, die heute eine moderne, am Markt konkurrenzfähige Ziegelei für die üblichen gebrannten Ziegelprodukte benötigt.

Zur Herstellung von Massivlehmziegeln wird der meist eigene Ziegeleilehm zunächst mit Sieben und Mahlwerkzeugen unter Wasserzugabe gut geknetet. Dann wird, je nach Tongehalt des Lehms, mit Sand abgemagert und nochmals gut gemischt und geknetet. Diesen Vorgang nennt man Lehmaufbereitung. Danach wird die erdfeuchte, gut aufbereitete Lehmmasse mit geringem Druck durch eine Presse gedrückt. Die aus der Strangpresse herauskommende lange «Lehmwurst» wird mit Metalldrähten automatisch auf die Grösse des jeweiligen Ziegelformats abgelängt. Die frischen Lehmziegel sind nur gerade so feucht, dass sie sofort mit der Hand in Trockengestelle gefahren werden können. Anschliessend trocknen die Lehmziegel an der Luft.

In der Regel haben Massivlehmziegel einen geringen Tongehalt (5 bis 8%), da nahezu ausschliesslich Magerlehme verwendet werden.

Einen Hinweis auf die Qualität gibt die Schlämmprobe, bei der man feststellt, wie gut der Lehm aufbereitet wurde. Moderne Ziegeleien kneten den Lehm sehr wenig und jagen die Lehmmasse mit Hochdruck durch eine Hochvakuumpresse. Je nachdem, wie lange es dauert, bis der Lehmziegel völlig in Wasser aufgeweicht ist, und ob eventuell Klumpen verbleiben, erhält man Aussagen über die Lehmaufbereitung und damit über die Qualität der Lehmziegel. In der Regel ist ein guter Lehmziegel nach 30 Minuten völlig aufgeweicht und so fein wie Kartoffelbrei.

Auch die Druckfestigkeit ist ein wichtiges Qualitätsmerkmal, gerade bei der Anwendung für hohe, schwere Lehmwände oder bei tragenden Wänden. Sie kann mit einfachen Laborgeräten oder an der Baustelle mit der uralten «Lehmstein-Turmprobe» gemessen werden. Gute Lehmziegel weisen Druckfestigkeiten von durchschnittlich 2 bis 2,4 N/mm^2 auf (im Vergleich dazu normale gebrannte Ziegel: 3,1 N/mm^2).

Ein weiteres Qualitätsmerkmal ist der Lochanteil bei Massivlehmziegeln: Gute Lehmziegelhersteller bieten in der Regel Massivlehmsteine mit äusserst geringem Lochanteil an (bei 2-DF-Format lediglich 12 Löcher).

Dies ist wichtig für die Anwendung bei Schallschutzwänden und für die spätere Montage von Regalen und anderen an der Lehmwand befestigten Möbelstücken. Moderne Ziegeleien verwenden zwecks Beschleunigung der Trocknung sehr stark gelochte Lehmziegel, die im Lehmbaubereich unbedingt zu meiden sind.

Die gängigen Lehmziegelformate für die Anwendung im Lehmbaubereich (Standardformate) sind:

- DF-Format (5,2 × 11,5 × 24 cm).
- NF-Format (24 × 11,5 × 7,1 cm)
- 2-DF-Format (24 × 11,5 × 11,5 cm)
- 3-DF-Format (17,5 × 11,5 × 24 cm)

Lehmziegellagerung auf der Baustelle auf Trockengestellen

Sichtmauerwerk mit Massivlehmziegeln

Massivlehmziegel sind in den warmen Monaten in der Regel problemlos zu beziehen (in der kalten Jahreszeit werden aus logischen und ökologischen Gründen keine Massivlehmsteine hergestellt). Sie werden auf Europaletten gestapelt und mit verschweissten Folien vor Transportfeuchtigkeit geschützt. Damit eventuell noch vorhandene Restfeuchte gut entweichen kann, soll sofort nach Lieferung an die Baustelle die Folie entfernt werden und lediglich eine hinterlüftete, horizontale Feuchtigkeitsschutzfolie zum Schutz vor Regen aufgebracht werden.

Für die Anwendung im Decken- und Dachbereich werden von einer Ziegelei spezielle, sehr dünne Lehmplatten hergestellt (4 cm Höhe, 24 x 11,5 cm). Bezugsadresse: Ökologie in der Regio, Metzgergasse 6, 7814 Breisach. (Für Details siehe Fachtechnischer Teil, Seite 93).

Gut hergestellte Massivlehmziegel sind trotz allen Vorkehrungen nicht unbedingt 100prozentig frostsicher. Deshalb sollten Massivlehmziegel ausschliesslich in Decken- und Innenwandkonstruktionen sowie bei Aussenwänden nie direkt im Wetterbereich verwendet werden.

Selbstherstellen von Massivlehmziegeln

Um qualitativ hochwertige Lehmziegel zu erhalten, ist es immer noch sehr ratsam, diese an der Baustelle mit einfachen Holzformen selbst herzustellen. Der Selbstbauer sollte sich ein exaktes Bild vom geplanten Arbeitsumfang machen können und muss für die Lagerung ausreichend Platz für die Lieferung an der Baustelle haben.

Die meist kleinen nach historischen Verfahren produzierenden Ziegeleien können durch die Herstellung von Massivlehmziegeln viele Arbeitsplätze erhalten. Das alte Wissen geht nicht verloren, und ein ökologisch absolut sauberes Bauprodukt bleibt auf dem Markt.

Am Projektbeispiel des Hotels mit Restaurant in Lehmkuppelbauweise von Hans Baumann in Argentinien wird praxisnah aufgezeigt, wie durch die Wiederinbetriebnahme einer alten Lehmziegelei sinnvolle Arbeitsplätze erhalten werden. Viele kleine Ziegeleien in der ehemaligen DDR können zur Zeit nur dadurch überleben, dass sie Massivlehmprodukte oder spezielle gebrannte Vollziegelformate für die Denkmalpflege produzieren. Lehmbau bedeutet also nicht zwangsläufig Selbstbau – auch traditionsreiches Handwerk wird in sinnvoller Weise gefördert und erhalten.

40-mm-Lehmplatten im Dach als Schallschutz und zur Verbesserung des Raumklimas.

Holzständerbau mit homogener Lehmsteinaussenwand

Lehmhaus in ökologischer Siedlung am Zürichsee

Das Lehmhaus in Holzständerbauweise bildet Teil einer Siedlung von 18 Einfamilienhäusern und einem Gemeinschaftshaus, die in Adliswil in der Nähe der Stadt Zürich am Rande der Bauzone im Baurecht erstellt wurden. Der Baurechtgeber hat für die gesamte Überbauung seine ökologischen Anliegen formuliert: niedriger Energieverbrauch, Nutzung alternativer Energien, Förderung des Zusammenlebens durch verdichtetes Bauen in Hausgruppen, familien- und kindergerechte Umgebungsgestaltung unter Ausschluss von Motorfahrzeugen. Die Gesamtplanung lag in den Händen von Ueli Schäfer aus Binz, der grosse Erfahrung im Siedlungsbau mitbringt; das Lehmhaus wurde von der Baugemeinschaft Höschgasse, 8008 Zürich, ausgeführt. Für die Lehmbauarbeiten zeichnete der Architekt Paul Wolf verantwortlich.

Das Haus der Familie Maja und Martin Tscharner-Haffner ist Teil einer Gruppe von vier Häusern mit gemeinsamem Zugang. Das Untergeschoss ist aus geologischen und statischen Gründen (Rutschhang) aus Stahlbeton. Architektonisch-konstruktiv zerfällt das Gebäude in zwei Teile: einen Holzskelettbau mit relativ grossen Spannweiten und durchgehenden Stützen, der die Zwischenböden und das Dach trägt, und eine selbsttragende Aussenwand, die um das Holzskelett herumgebaut ist. Diese etwa 50 cm dicke homogene Aussenwand wird aus Strohleichtlehmsteinen gemauert, die von der Firma Lehm + Stein, D-8716 Schernau (bei Würzburg) hergestellt und par Bahn geliefert wurden. Das Format der Steine beträgt 50 × 24 × 15 cm, das Raumgewicht 800 bis 850 kg/m^3. Innen wird ein Lehmputz mit Juteeinlage aufgebracht, aussen ein magerer Dreischichtputz aus Lehm, Weisskalk und Weisszement. Fenster und Aussentüren werden nicht an die Holzkonstruktion, sondern direkt an die Lehmwände angeschlagen. Die Hauptwetterseite ist ganz durch einen zweigeschossigen Wintergarten abgedeckt; die andere dem Wetter ausgesetzte Seite weist zwei Vordächer auf. Die nichttragenden Trennwände im Innern sind aus getrockneten Massivlehmziegeln gemauert, welche aus dem Aushubmaterial hergestellt wurden.

Wetterfester Lehmaussenputz

Mehr als 15 Tonnen Lehmputz wurden im Adliswiler Lehmhaus innen und aussen aufgebracht. Dabei ging man im Aussenbereich neue Wege. Kalkputze und Alaungrundierungen befriedigten nicht. Schliesslich kam ein altbewährtes Rezept in etwas abgewandelter Form zur Anwendung, um den Lehmaussenputz wetterfest zu machen, ohne ihn dabei seiner Qualitäten – Offenporigkeit und Dampfdurchlässigkeit – zu berauben. Nach einigen Versuchen mit Gerd Ziesemann von der Firma Kreidezeit stand die Rezeptur: Am Vorabend der Anwendung wird Magerquark mit Borax, welches das Kasein aufschliesst, gut vermischt. Am nächsten Tag werden in 6 Liter Quark-Borax-Gemisch mit einem hochtourigen Quirlmischer zunächst 4 Deziliter und in einem nächsten Arbeitsgang 6 weitere Deziliter Leinstandöl (Leinöl, das lange gestanden und dadurch voroxidiert und eingedickt ist) eingebracht. Es wird so lange gemischt, bis die Masse gut emulgiert. Vor der Anwendung kann weiter verdünnt werden.

Mit dieser Mischung wurde der Lehmputz aussen – auch auf der Wetterseite – angestrichen. Es fehlen zwar noch Langzeiterfahrungen, doch scheint sich der Mut zum Risiko auszuzahlen.

Raumkonzept, Wärme- und Wasserversorgung

Das Erdgeschoss ist – mit Ausnahme von Windfang, WC und Speisekammer – ein einziger grosser Wohn- und Lebensraum, in den Küche und Essplatz integriert sind. Mittelpunkt bildet ein grosser Holzspeicherofen, in dem 1-Meter-Spalten verbrannt werden können. Sein Gewicht von etwa 6 Tonnen wirkt als Massespeicher; er arbeitet mit hohen Verbrennungstemperaturen und entsprechend guten Abgaswerten. In den Lehmgrundofen ist ein Wärmetauscher für Warmluft eingebaut, dieser heizt die Hypokaustenwände und das Brauchwarmwasser. Das Obergeschoss ist so eingeteilt, dass je zwei gegenüberliegende Räume mit einer Hypokaustenwand beheizt werden können. Das Haus hat ausser Grundofen und Hypokausten keine zusätzliche Heizung.

Grundlage der Wassernutzung ist eine sehr einfache Leitungsführung mit einem senkrechten Installationsschacht, der vom Technikraum im Untergeschoss zu Küche und WC im Erdge-

Tragende, sichtbare Holzkonstruktion

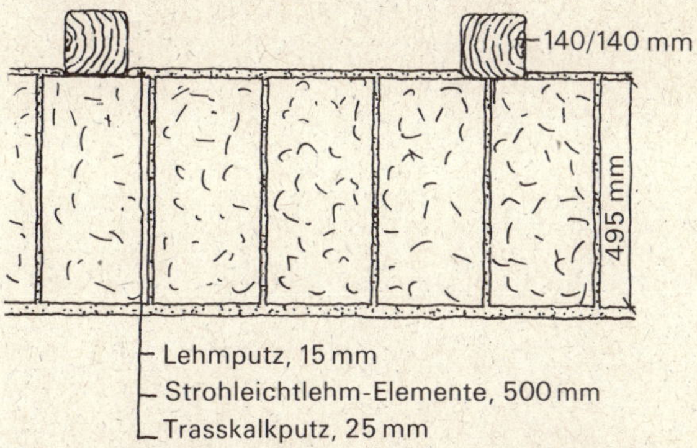

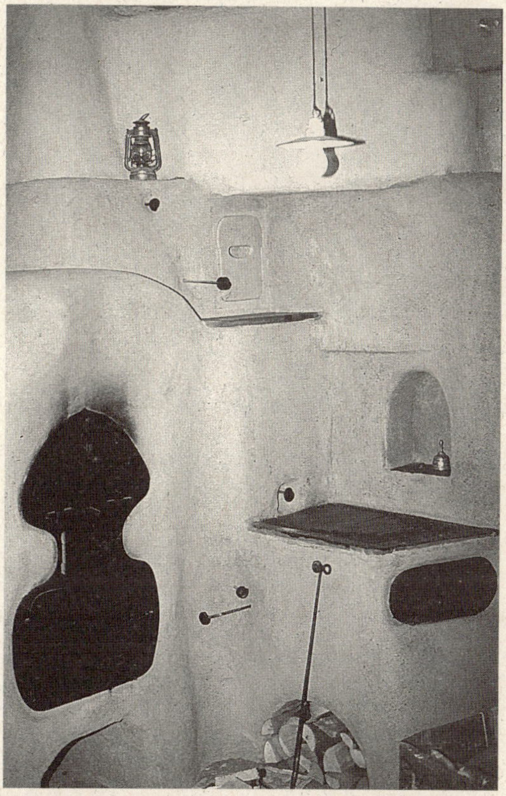

Ein massiver Lehmofen sorgt für angenehme Temperaturen im Haus und für Brauchwarmwasser.

schoss und zum Bad im Obergeschoss führt. Das Dachwasser wird in einem aussenliegenden Schacht aufgefangen, wobei die Hauptverschmutzung durch einen an die Abflussrohre angeschlossenen Filter ausgeschieden wird. Vom Dachwasserabsetzschacht wird das Wasser in zwei Regenwasserbehälter gepumpt und von dort über eine Druckerhöhungsanlage ins Hauswassersystem eingespeist. Die zwei Toiletten sind nur mit Regenwasser versorgt; die Waschmaschine hat drei Anschlüsse: Regenwasser, Kaltwasser und Warmwasser, wobei der letzte Spülgang mit Leitungswasser erfolgt.

Planung des inneren Gleichgewichts

Die Planung des Hauses folgt einigen sehr einfachen und sehr wichtigen Grundprinzipien: Architektonische Form, Raumaufteilung, konstruktive Struktur und Wärmeversorgung wuchsen miteinander und stehen im Gleichgewicht. Weder wurde das ganze Haus auf ein Energiesystem ausgerichtet, noch musste sich alles einem architektonischen Konzept unterordnen. Bauherrschaft, Architekten, Bauleitung und Unternehmer haben sehr früh zusammengearbeitet und viele Probleme gemeinsam gelöst. Detailfragen des Lehmbaus wurden auch noch auf der Baustelle erwogen und in der Praxis probiert. Ein besonderes Anliegen war die homogene Aussenwand, um so ein günstiges Verhältnis von Wärmedämmung und Wärmespeicherung und damit eine positive Energiebilanz zu erreichen.

Bauherrschaft: Maja und
Martin Tscharner-Hafner, CH-8134 Adliswil
Bauzeit: Dezember 1991 bis Oktober 1992
Architekt und Lehmbauer: Baugemeinschaft
Höschgasse, Paul Wolf, Höschgasse 64,
CH-8008 Zürich, Telefon 01/383 07 11
Lehmofenbau: Peter Ehrenzeller, Blumengasse 14,
CH-8331 Auslikon, Telefon 01/950 57 64

Ehrlich von Grund auf: Haus, mit selbstgemachten Strohlehmsteinen errichtet

In Benzenschwil im Aargauer Freiamt ein Lehmhaus mit einer eigenwilligen Holzständerkonstruktion zu erstellen, braucht Mut und die Kraft der Überzeugung. Dabei hat Bauen mit Lehm auch in dieser Region durchaus Tradition. So etwa in den nach einem verheerenden Brand vor der Jahrhundertwende errichteten Zschokke-Häusern in Fislisbach, wo auch Verwandte von Vreni und Edi Schuler-Herzog wohnten. Dies stellte eine erste Berührung mit dem Baustoff Lehm dar. Mit dem St. Galler Architekten Ernst Sturzenegger fanden sie dann für ihr eigenes Projekt den Partner, der für den Lehmbau die nötige Erfahrung und zugleich auch Einfühlungsvermögen im Umgang mit Naturbaustoffen besitzt. Eine weitere Begegnung mit dem Lehmbaupraktiker und Ofenbauer Peter Ehrenzeller erwies sich als glückliche Fügung.

Ein Lehmbau ohne Probleme – eitel Sonnenschein von Anfang bis zum Schluss? Weit gefehlt! Es gab Rückschläge, Fehleinschätzungen der eigenen Möglichkeiten, die eine Neuorientierung verlangten. Und doch war es zum Schluss ein Haus, das so und nicht anders sein kann, davon sind Vreni und Edi Schuler-Herzog auch heute noch überzeugt.

Ein biologisch einwandfreier Baustoff aus der eigenen Erde

Der Aushub liefert nach entsprechender Aufbereitung ein Material mit hervorragenden Qualitäten als Wärmespeicher und Wärmeisolator. Lehm als Baustoff der kurzen Wege kann also energieaufwendig erzeugtes Baumaterial ersetzen und schafft nicht bereits mit dem Erstellen des Hauses künftige Deponieprobleme. In der Planungsphase stand daher fest, dass das Haus aus eigenem Boden wachsen sollte. Die ehrlichste Form des Bauens – auch wenn nicht überall

Eigenwilliges Lehmhaus in Holzständerkonstruktion mit Holzverschalung

ohne Schwierigkeiten realisierbar – bedeutet immer das Verwenden des lokal anfallenden Materials. Verzicht auf eine aufwendige Baustellenorganisation mit Kranen und Materiallifts bedeutete zwar viel kraftaufwendige Handarbeit, brachte dafür aber eine innige Beziehung, ein gutes Gespür für den Baustoff.

Der Aushub förderte magere, sehr steinige Lehmerde zutage, also typische eiszeitliche Moränenablagerungen. Ursprünglich bestand die Idee, ein massives Strohlehmhaus mit minimal dimensionierten tragenden Rundholzstützen zu bauen. In diese sollte beidseitig ein Strohlehmgemisch eingestampft werden. Eine solche Bauweise bedeutet minimale Materialkosten, ist jedoch zeitintensiv und kraftaufwendig. Dasselbe Problem stellt sich bei der Arbeit mit Lehmbroten, der sogenannten Dünner-Lehmbauweise, die für die Wand zum Wintergarten vorgesehen war, dann jedoch nach einer einfachen Hochrechnung wieder verworfen wurde. Die Bauherren hatten nämlich ausgerechnet, dass bei kontinuierlicher Arbeit mindestens zwei Jahre lang von einer Person Lehmbrot auf Lehmbrot hätte geschichtet werden müssen, um die geplante Wintergartenwand zu erstellen. Die Lehmbrotbauweise stützt sich denn auch traditionell auf ein soziales Bauen in Gruppen und Gemeinschaften. Der bekannteste Lehmarchitekt, der Ägypter Hassan Faty, hat einmal zur Zabur-Technik, dem Ursprung der Lehmbrotbauweise, den Ausspruch getan: «Ein Mann alleine kann kein Haus bauen, 10 Männer dagegen können 10 Häuser bauen.» (Selbstverständlich dürfen es auch Frauen sein.) Aus diesen Gründen kam in Benzenschwil das dritte wichtige Lehmbauverfahren zur Anwendung: Das Aushubmaterial wurde zu handgestrichenen Lehmsteinen verarbeitet und mit Lehmmörtel zwischen die tragenden Holzständer vermauert. Mehr als 5000 Steine im Format 14 × 14 × 25 cm wurden vorgeformt und getrocknet. Sie bilden die speicherfähige Masse im Hausinnern. Sämtliche Wände sind mit selber hergestellten Lehmschlämmen

Selbstgefertigte Strohlehmsteine werden im Holzständer vermauert.

Strohlehmsteine werden wettergeschützt gelagert.

verputzt und teilweise mit blossen Händen mit einem natürlichen Anstrich auf Kreidebasis versehen. Es ist gerade dieser sehr intensive Kontakt mit dem Baumaterial (Lehmmörtel für die Bereitung der Steine wird mit den Füssen gestampft), der eine innige Beziehung zur Erde und schliesslich auch zum Haus schafft. Im Glauben vieler Naturvölker hat der Schöpfer den ersten Menschen aus Lehm geformt. Für sie war die Erde, der Boden, neben Feuer, Wasser und Luft stets ein mystisches Grundelement, die grosse Mutter, Heimstatt für viele Geister und Götter – die Erde, von der Mensch, Tier und Pflanze leben und ohne die es keine Zukunft gibt.

Die einzige massive, nicht gemauerte Stampflehmwand im Haus ist die Begrenzung oder, besser gesagt, die organische Verbindung zum Wintergarten. Sie erfüllt als massive Speicherwand wichtige Funktionen zur passiven Nutzung der Sonnenenergie. Die Wärme, die der Wintergarten aufnimmt, gibt er an die Lehmwand ab, die sie verzögert auf den Raum verteilt. Im übrigen gilt der Wintergarten vor allem dem Energiegewinn durch die Sonneneinstrahlung; er ist weniger unter dem Gesichtspunkt zusätzlichen Wohn- und Lebensraums konzipiert. Ähnliche Funktionen erfüllt auch das begrünte Dach. Es ist mit einer Folie, dem einzigen unökologischen Material im Haus, abgedichtet, mit magerem Humus aufgefüllt und einer speziellen Grasmischung angesät. Ein solches Dach wirkt klimaausgleichend, im Winter warm, im Sommer kühl.

Aussenwandkonstruktion

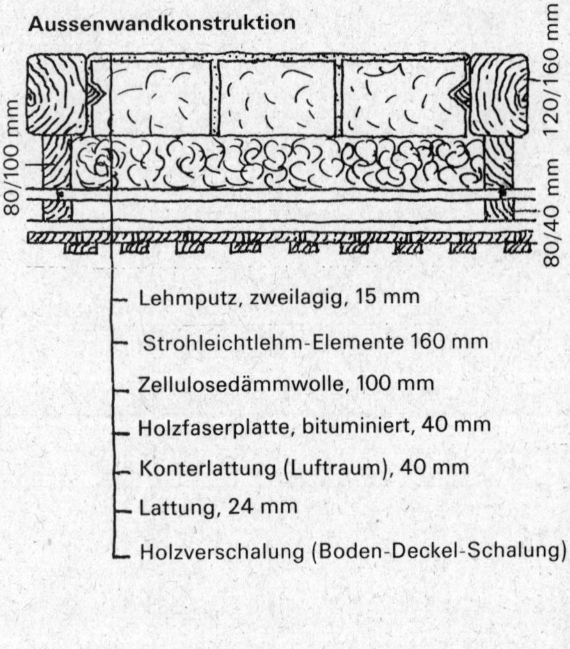

Der massive Lehmspeicherofen, über den auch die Hypokaustenzüge geheizt werden.

Massiver Speicherofen als einzige Heizung

Ein zentraler Speicherofen mit Lehmummantelung und Hypokaustenzügen ist die einzige Heizung im Haus, also kein Prestigeobjekt zusätzlich zu einer Ölheizung. Der Grundofen bildet vielmehr das Herz des Hauses, das den ganzen Wärmebedarf mit etwa 9 Kubikmetern Tannenholz im Jahr deckt. Dies ist nur mit einem wohldurchdachten Gesamtkonzept möglich, bei dem Wände, Decken, Böden, Dach, Wintergarten und die gewählten Baumaterialien zusammen mit dem Ofen ein organisches Ganzes bilden. Der Backsteinkeller auf Streifenfundation verfügt über einen äusseren Dichtungsputz. Darüber befindet sich eine Poroton-Hohlsteindecke mit Korkschrotisolation. Die Deckenkonstruktion zum ersten Geschoss ist mit einer Zwischenschicht aus Ziegelschrot aufgebaut, der eine hohe Speicherfähigkeit aufweist, aufgeheizt wird und seine Wärme kontinuierlich wieder abgibt. So herrschen auch bei kaltem Wetter im oberen Bereich angenehme Temperaturen.

Lehm ist ein vielseitig verwendbarer Baustoff, der, richtig eingesetzt, die Basis für ein gesundes, kostengünstiges, die Umwelt nicht belastendes Haus bildet. Viele Nachbarn und Passanten waren beim Heranwachsen des Lehmhauses in Benzenschwil davon überzeugt, dass Vreni und

Steine aus dem Aushub als gestalterisches Element in Lehmwand

Toilette mit Lehmsteinwand

Edi Schuler-Herzog bald einmal eine feuchtkalte Erdhöhle bewohnen, die ohnehin über kurz oder lang in sich zusammenfällt. Ein Haus mit dem Lehm, auf dem es steht, zu bauen und dies in einer Umgebung, in der Häuser immer perfekter, automatisierter, phantasie- und liebloser produziert werden, braucht Mut. Es bereitet Freude, mit Menschen zusammenzukommen, die diesen Mut aufbringen.

Bauherrschaft: Vreni und Edi Schuler-Herzog,
Buchenweg 1, CH-5636 Benzenschwil
Architektur und Lehmbauberatung:
Ernst Sturzenegger, Hügelstrasse 4,
CH-9000 St. Gallen, Telefon 071/24 52 92
Lehm- und Ofenbauer: Peter Ehrenzeller,
Blumengasse, CH-8330 Auslikon, Telefon
01/950 57 64

Moderner Fachwerkbau mit Strohlehmsteinen

Modern bauen bedeutet nicht immer automatisch das Verwenden der üblichen Massenbaustoffe. Auch ein Rückgriff auf Altbewährtes, auf ursprüngliche, wohngesunde und umweltverträgliche Baustoffe, wie es sie schon immer gab, kann modern sein. Im Fall des Hauses der Familie Meyer in Renchen-Ulm wird ein uralter Baustoff in moderner Technik verarbeitet: Die Fachwerkaussenwände werden mit vorgefertigten Strohleichtlehmsteinen ausgefüllt.

Selbstbaufreundlich ist diese Variante des Lehmbaus zudem deshalb, weil der Ausführende es mit bekanntem Mauerwerksbaustoff zu tun hat, eben mit Mauersteinen. Und im Gegensatz zu anderen Lehmbauarten wie Stampftechnik oder Geflecht-Bewurf-Technik ist hier kein mühsames Anmachen und Vorbereiten des Lehms erforderlich. Verwendet werden maschinell hergestellte, luftgetrocknete Lehmsteine, die ringsum genutet sind, um gleich beim Aufmauern einen stabilen, kraftschlüssigen Anschluss und Zusammenhalt mittels Leisten zu bekommen. Sie werden in zwei Rohdichten angeboten: 850 kg/m^2 und 650 kg/m^2. Ihre Masse betragen $25 \times 30 \times 15$ cm (H × B × T). Weitere vier Formate werden angeboten. Wegen ihres guten Schallschutzes, der guten Wärmespeicherfähigkeit, der hohen Diffusionsfähigkeit und guten Elastizität sowie der hervorragenden Holzkonservierung durch die geringe Gleichgewichtsfeuchte sind diese Steine besonders geeignet für die Ausfachung von Aussenwänden. Weitere Einsatzmöglichkeiten sind Innendämmung von Aussenwänden beim Fachwerkbau, Leichtbauinnenwände sowie wärmedämmender Deckeneinschub.

Die Bearbeitung der Steine erfolgt mit der Bandsäge (Widiablatt), einem Elektrofuchsschwanz, einer Kettensäge oder auch mit einer grossen Handsäge. Vermauert wird mit Lehmmörtel. Zunächst müssen jedoch die Gefache vorbereitet werden. Seitlich und am Fuss der Fachwerkfelder sind Dreiecksleisten anzubringen, die etwa 25 bis 30 mm Schenkellänge aufweisen sollten (gleichschenkliges Dreieck). Alle später sichtbaren Holzteile aussen und innen werden anschliessend mit Grundieröl (verdünnter Leinölfirnis) gestrichen und trocknen gelassen, damit der Lehm das sichtbare Holz nicht verschmutzt.

Nun werden sämtliche Holzteile im Anschlussbereich der späteren Ausfachung mit zuvor angesetzter Lehmschlämme bestrichen, wodurch eine besonders gute Holzkonservierung gewährleistet ist. Die Schlämme sollte pastös sein, wenn sie mit einer Deckenbürste (Quast) aufgetragen wird.

Neues Fachwerkhaus mit Strohleichtlehmziegeln im Selbstbau ausgemauert

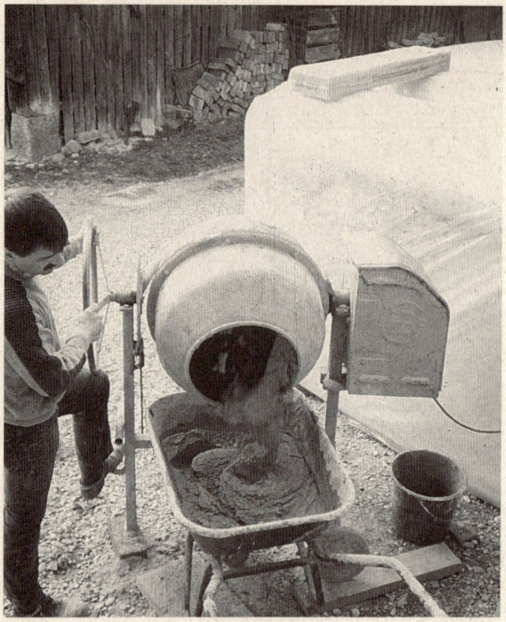

Der Bauherr beim Anmischen des Lehmmörtels.

Ausgefacht wird schliesslich im Verband, also ohne Kreuzfugen. Die Stoss- und Lagerfugen sollten 0,7 bis 1,2 cm dick mit Lehmmörtel versehen sein. Bei höheren Gefachen legt man in die Lagerfugennuten noch Vierkantleisten ein, um den Aufbau zu bewehren. Der Anschluss an das Fachwerkgebälk beziehungsweise an die Dreiecksleisten muss kraftschlüssig sein. Modernes Fachwerk wird übrigens meist als zweischaliges Mauerwerk ausgeführt, wobei die innere Schale fugenversetzt und ohne Zwischenluftschicht an die äussere angemauert wird. Dabei ist zu beachten, dass die Innenwand auf einem Schwellenholz aufgebaut werden muss. Beim Fachwerkhaus der Familie Meyer wurde der Zwischenraum zwischen den beiden Schalen mit einem Gemisch aus Lehmmörtel und Blähton (Körnung 4 bis 8 mm) ausgefüllt und mit einer Kelle nachverdichtet. Die Mineralleichtlehmschicht kann bis zu 15 cm dick sein. Das Material ist schwundfrei und garantiert somit auch die Winddichtigkeit und Homogenität der Wand.

Die Wände erhalten nach dem Aufrauhen der Oberflächen aussen und innen einen Lehmgrundputz und einen Lehmfeinputz. Die Aussenseite wird durch einen Sumpfkalkputz gegen Schlagregen und Spritzwasser geschützt, wozu darüber hinaus auch die Wetterdächer beitragen.

Adresse: Bernhard Meyer, Armenhöfestrasse 86,
D-7592 Renchen-Ulm, Telefon 0 78 43/72 96
Bauzeit: 1½ Jahre
Für weitere Informationen: Lehmbaubetreuung
Ökologie in der Regio, Metzgergasse 6,
D-7814 Breisach, Telefon 076 67/71 30

Dachdämmung mit Holzleichtlehm

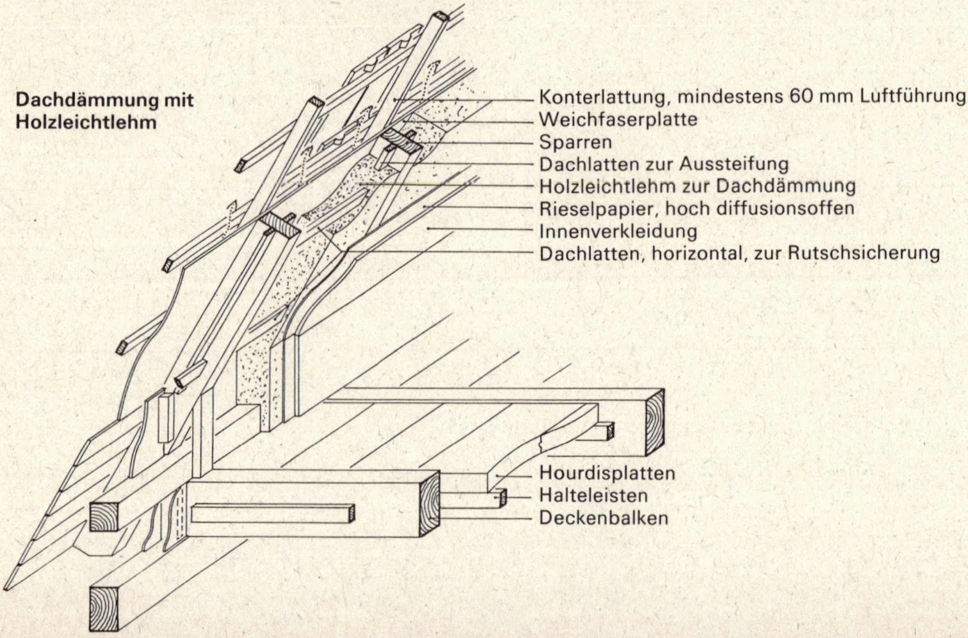

Lehmfertighaus mit Strohlehmziegeln und Aussenlehmputz.

Lehmfertighäuser mit Trockenlehmtechniken

Der im süddeutschen Breisach ansässige Lehmbaufachbetrieb «Ökologie in der Regio» hat neben seiner Profilierung im Denkmalschutz und der traditionellen Fachwerksanierung ein interessantes Fertighauskonzept mit Trockenlehmtechniken entwickelt. Die Aussenwände werden mit zweischaligem Leichtlehm-Ziegelmauerwerk ausgeführt, wobei auf der Nordseite zur Verbesserung der Wärmedämmung Schilfrohrmatten eingebaut werden. Als Deckenfüllungen dienen Massivlehmplatten und Schilfrohrmatten. Die Innenwände sind mit Massivlehmziegeln gemauert, die Dachdämmung erfolgt mit Schilfrohrmatten oder mit Zellulosewolle. Die intelligente Lösung der Holzkonstruktion ermöglicht sowohl innen als auch aussen ein sichtbares Fachwerk. Innenputze werden zweilagig mit Fertiglehm ausgeführt. Wahlweise wird ein zweilagiger Lehm- oder Kalkputz im Aussenbereich aufgebracht.

Südwände als Speicherwände

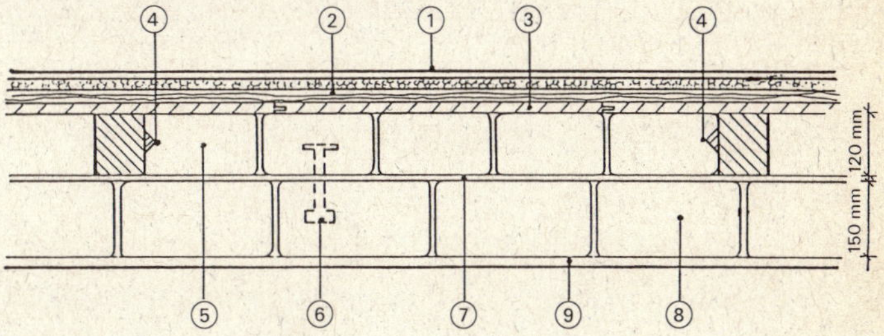

1 Kalk-Aussenputz 2lagig
2 Schilfrohrplatten als Putzträger und zur Wärmedämmung
3 aussteifende Diagonalholzschalung
4 Dreikantleisten
5 + 8 Strohleichtlehmziegel-Mauerwerk
6 Mauerwerksanker
7 Lehmmörtelschicht
9 Lehminnenputz 2lagig

k-Wert: k = 0,32 W/m² K

Nordaussenwände, hohe Wärmedämmung

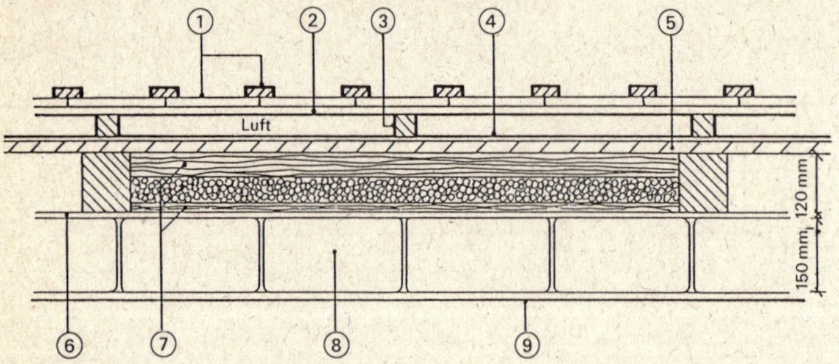

1 Holzverschalung aussen
2 Lattung
3 Konterlattung (Hinterlüftung)
4 Holzfaserplatte diffusionsoffen
5 aussteifende Diagonalschalung
6 Lehmputz-Überzug
7 Schilfrohrplatten
8 Strohleichtlehmziegel
9 Lehminnenputz 2lagig

k-Wert: $k = 0{,}29\ W/m^2\ K$

Sämtliche Häuser werden individuell geplant und in kurzer Bauzeit (in der Regel in 4 bis 6 Monaten) fertiggestellt. Auf Wunsch können die Lehmarbeiten im Selbstbau vom Bauherrn vorgenommen werden.

Weiter sind im Angebot: historische Lehmbautechniken, Dachdeckung mit Tondachziegeln, Fussleisten-Wandstrahlheizungen, Kastendoppelfenster, Massivholztüren und -treppen, Oberflächenbehandlung mit Kasein- und Silikatfarben.

Weitere Informationen bei: Ökologie in der Regio, Metzgergasse 6, D-7814 Breisach, Telefon 0 76 67/71 90, Fax 8 03 25

Lehmhäuser in Elementbauweise

Der Überlinger Architekt Michael Nothhelfer baut seit vielen Jahren Häuser ausschliesslich mit Naturbaustoffen. Unter anderem hat er mehrere Projekte in Elementbauweise mit dem Naturbaustoff Torf realisiert, welcher in Elementen sowohl im Dach wie auch für die Aussenwände und die Deckenfüllung verwendet wurde. Seit vielen Jahren arbeitet er ausschliesslich mit Lehm als Baumaterial und hat ein Lehmbau-Elementkonzept entwickelt, welches im Raum Bodensee in die Praxis umgesetzt wurde. Um die Bauzeit zu verkürzen, werden Decken, Dach und Wandelemente vorgefertigt und innerhalb kürzester Zeit aufgebaut. Die Decken- und Dachelemente werden mit Holzleichtlehm, kombiniert mit Schilfrohrmatten, verfüllt; die Aussenwandelemente, die mit einer diagonalen Holzverschalung ausgesteift werden, erhalten je nach Wetterexposition eine zweischalige Wand aus Strohleichtlehmziegeln oder eine mit Schilfrohrmatten kombinierte Strohleichtlehmwand. Auf die diagonale Holzverschalung aussen werden als Putzträger zwei Schilfrohrmatten aufgebracht, wel-

Dachkonstruktion

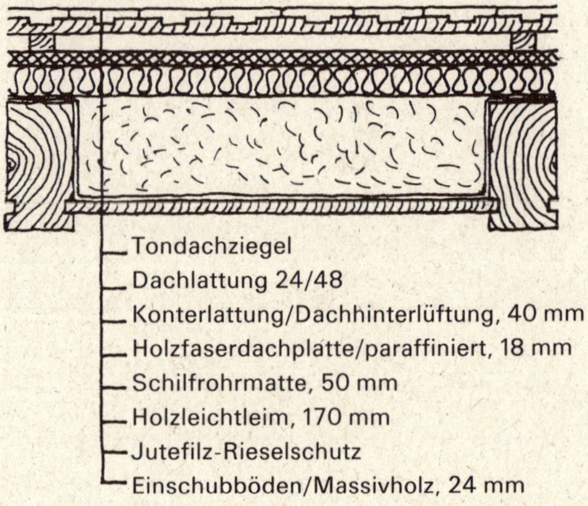

Diagonale Holzverschalung beim Elementbau.

che anschliessend einen Kalkputz erhalten. Das Gebäude wird mit einer Fussleisten-Wandstrahlheizung beheizt, als Fenster und Aussentüren werden Kastendoppelfenster eingebaut.

Weitere Informationen: Michael Nothhelfer, Säntistrasse 52 b, D-7770 Überlingen, Telefon 07551/6 44 06 und 6 45 85

Decke über Kellergeschoss

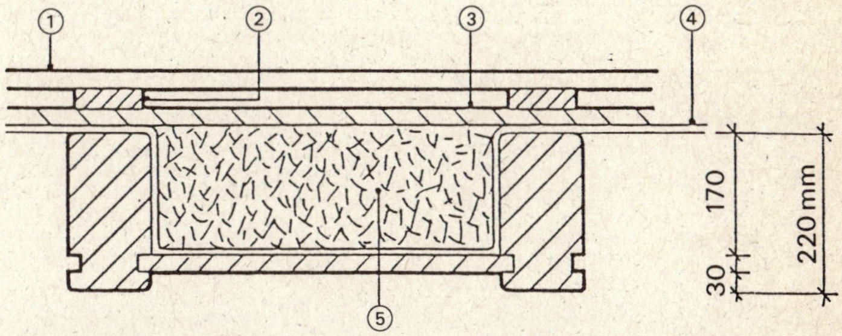

1 Holzdielenboden
2 Lagerbrett mit Trittschallfilz
3 Diagonalschalung zur Deckenaussteifung
4 Jutefilz-Trittschall- und Rieselschutzmatte
5 Holzleichtlehmfüllung

k-Wert: $k = 0{,}59\ W/m^2\ K$

Stampflehmbauten in Frankreich, nahe Lyon.

Die reinste aller Techniken: Stampflehm- oder Pisébauweise

Lehm – nicht nur Arme-Leute-Material

Ein Blick in die Vergangenheit zeigt, dass Lehm nicht nur das typische Arme-Leute-Material war, das praktisch überall vorkommt und auch von Laien einfach und problemlos zu verarbeiten ist. Über Jahrtausende hinweg haben sich in den unterschiedlichsten Teilen der Welt spezifische Techniken für die Konstruktion und die Verarbeitung entwickelt, die immer eines gemeinsam hatten: Sie waren menschen- und klimagerecht, bauten auf lokal vorhandene Materialien und orientierten sich an kulturell-religiösen und sozialen Randbedingungen. Lehm war der selbstverständliche Baustoff für ganze Dörfer und Siedlungen.

Beispielhafte Lehmselbstbaumodelle mit sozialem Hintergrund gab es mehrere im deutschsprachigen Raum. In den dreissiger Jahren, während der Wirtschaftskrise, errichtete Pfarrer Bodelschwing im Raum Bielefeld (Nordrhein-Westfalen) mit Arbeits- und Mittellosen einfache Lehmhäuser und -siedlungen in Selbstbauweise. Von den 350 seinerzeit im sogenannten Dünner-Lehmbrot-Verfahren errichteten Siedlungshäusern sind die meisten noch erhalten. Diese Lehmbauweise ist besonders geeignet für soziale Projekte in gemeinschaftlicher Arbeit.

Einen ähnlichen Hintergrund hat auch der Wiederaufbau des Aargauer Dorfes Fislisbach, dessen Holzhäuser mit Strohdächern 1848 nach einer Feuersbrunst total zerstört wurden. Der Aarauer Architekt Alfred Zschokke erhielt von der kantonalen Baukommission den Auftrag, das Dorf gemeinsam mit den mittellosen Bauern wiederaufzubauen. Er entschied sich für die Massivlehm-Stampftechnik. Der selbstbaufreundliche, gratis lokal vorhandene Baustoff löste aber nicht überall Begeisterung aus. Die auch seinerzeit schon präsente Bau- und Ziegelindustrie lief Sturm und prophezeite, dass es die

«Dräck»- und «Chot»-Hüüsli mit dem ersten Platzregen davonschwemme – ein Glaubenskrieg, der erst durch das mutige Einstehen des Pfarrers für den Lehmbau entschieden wurde. Nach langen Kämpfen konnte Zschokke zwanzig Lehmhäuser bauen, die sich hinsichtlich Komfort, Sicherheit und Langlebigkeit konventionell errichteten Bauten überlegen zeigten. Nur ein Jahr nach dem Wiederaufbau von Fislisbach veröffentlichte Alfred Zschokke eine «Anleitung zum Pisé-Bau», ein Meisterwerk handwerklicher Genauigkeit und schöpferischer Vorstellungskraft, wie auch ein einmaliges soziales und kulturhistorisches Dokument.

Zur gleichen Zeit entstanden vor allem in der Ostschweiz – Appenzell, Thurgau, St. Gallen – Herrschaftshäuser, Fabriken und Schulen in Pisébauweise, wie sie vom jungen Architekten Alfred Zschokke weiterentwickelt und peinlich sorgfältig beschrieben worden war. Im sanktgallischen Hauptwil und in Bühler (Appenzell) wirkte der Hamburger Architekt und Lehmbauer Kliebenschädel für die Textilindustriellen und Färbermeister Brunnschweiler (siehe Seite 11) und errichtete neben der heute noch bestehenden Schule etwa ein Dutzend Häuser und Fabriken in «Erdbeton»-Lehmbauten, die in zeitloser Schönheit anderthalb Jahrhunderte überdauert haben und im Gegensatz zu vielen Hochkonjunktur-Flachdachbauten keiner ungewissen Zukunft entgegensehen.

Pisébauweise in neuzeitlicher Architektur

Grosse Erfahrung mit Pisébauten hat in der Schweiz der St. Galler Architekt Ernst Sturzenegger: «Meine Baustellen werden ganz dem Projekt entsprechend organisiert. Ich arbeite zu 100% mit dem lokal vorhandenen Aushubmaterial und möchte den Baustoff Lehm auch in eine neuzeitliche Architektur einbringen. Viel wichtiger als die ideale Maschine, die alle Lehmbauprobleme löst, ist, sich voll und ganz mit dem Material zu beschäftigen, es lieben und verstehen zu lernen und nicht nur als willkommenes Substitut zu betrachten, um ein schlechtes ökologisches Gewissen zu besänftigen. Der Genius loci hat auch im Lehmbau weltweit verschiedene Techniken hervorgebracht. Die neuzeitliche

Die drei verschiedenen Stampflehmarten
An sich eignet sich fast jede Erde dazu, ohne spezielle Beimischungen und Aufbereitung direkt in die Schalung gestampft zu werden. Hierbei wird in Schütthöhen von etwa 12 cm die Masse eingestampft. Bei 150jährigen Pisébauten wurden fast ausschliesslich steinige Erden, wie sie meistens vorliegen, ohne jegliche Zuschlagstoffe verwendet.

Unvermengt
- Sehr hohe Festigkeit
- Gefahr von Schwindrissen bei fettem Lehm

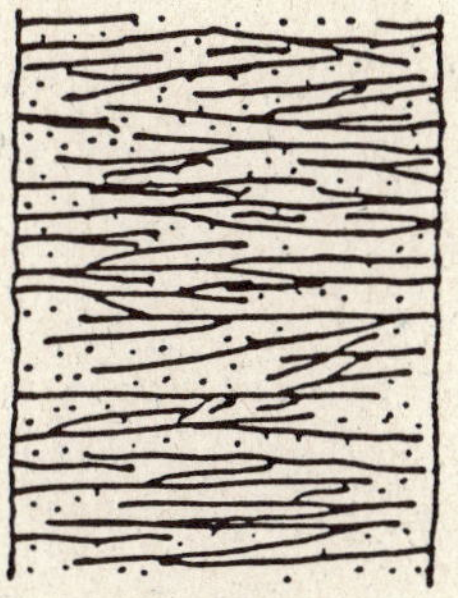

Mit Faserstoff
- Hoher Isolationswert (Stroh, Tannennadeln)
- Zähes Gefüge

Steinig
- Hohe Festigkeit
- Geringe Schwindung
- Steine bis 50 mm Ø

Anleitung
zum
Pise-Bau.

Mit spezieller Rücksicht
auf das
Verfahren bei den Bauten
im
Kanton Aargau.

Von
Alfred Zschokke,
Architekt.

Mit erläuternden Zeichnungen.

Aarau, 1849.
H. R. Sauerländer, Verlags-Buchhandlung.

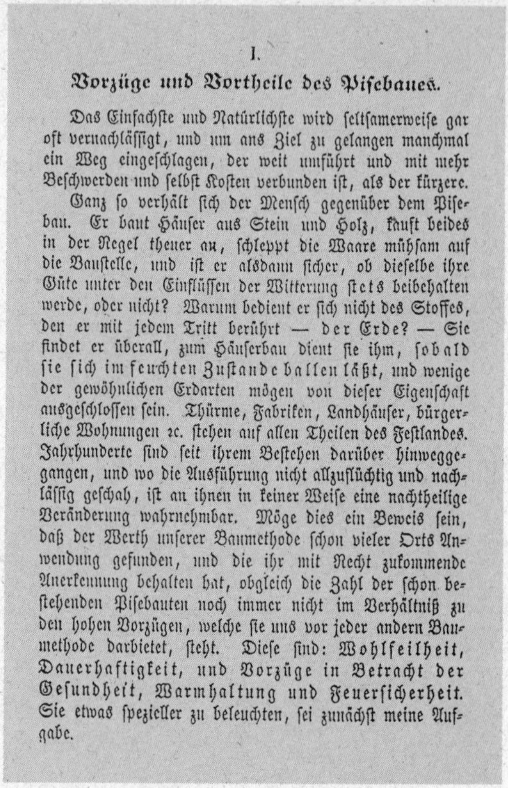

I.

Vorzüge und Vortheile des Pisebaues.

Das Einfachste und Natürlichste wird seltsamerweise gar oft vernachlässigt, und um ans Ziel zu gelangen manchmal ein Weg eingeschlagen, der weit umführt und mit mehr Beschwerden und selbst Kosten verbunden ist, als der kürzere.

Ganz so verhält sich der Mensch gegenüber dem Pisebau. Er baut Häuser aus Stein und Holz, kauft beides in der Regel theuer an, schleppt die Waare mühsam auf die Baustelle, und ist er alsdann sicher, ob dieselbe ihre Güte unter den Einflüssen der Witterung stets beibehalten werde, oder nicht? Warum bedient er sich nicht des Stoffes, den er mit jedem Tritt berührt — der Erde? — Sie findet er überall, zum Häuserbau dient sie ihm, sobald sie sich im feuchten Zustande ballen läßt, und wenige der gewöhnlichen Erdarten mögen von dieser Eigenschaft ausgeschlossen sein. Thürme, Fabriken, Landhäuser, bürgerliche Wohnungen rc. stehen auf allen Theilen des Festlandes. Jahrhunderte sind seit ihrem Bestehen darüber hinweggegangen, und wo die Ausführung nicht allzuflüchtig und nachlässig geschah, ist an ihnen in keiner Weise eine nachtheilige Veränderung wahrnehmbar. Möge dies ein Beweis sein, daß der Werth unserer Baumethode schon vieler Orts Anwendung gefunden, und die ihr mit Recht zukommende Anerkennung behalten hat, obgleich die Zahl der schon bestehenden Pisebauten noch immer nicht im Verhältniß zu den hohen Vorzügen, welche sie uns vor jeder andern Baumethode darbietet, steht. Diese sind: Wohlfeilheit, Dauerhaftigkeit, und Vorzüge in Betracht der Gesundheit, Warmhaltung und Feuersicherheit. Sie etwas spezieller zu beleuchten, sei zunächst meine Aufgabe.

Technik des Strohleichtlehms, die dem heutigen K-Wert-Denken entspricht, kann grosse Probleme mit sich bringen: Durch den hohen Faserstoffanteil (Stroh) und die dünnflüssige Lehmschlämme als Binder bildet sich oft Schimmel. Die Austrocknungszeiten sind sehr lang und selten exakt voraussagbar. Die reinste aller Lehmbautechniken ist der gestampfte Massivlehm, der direkt aus der Baugrube genommen wird. Dieser besitzt etwa analoge statische Eigenschaften wie eine massive Backsteinwand. Bei der massiven Stampflehmtechnik gilt noch mehr als für andere Verfahren: Je steiniger und magerer das Material, desto besser die Verarbeitungsmöglichkeit und desto optimaler auch das fertige Bauteil.

Jahrhundertealte Zeugen dieser Bauweise existieren noch heute in ganz Europa und belegen die Tauglichkeit des Baustoffs auch in unterschiedlichen Klimazonen. Lehm bleibt auch heute ein interessanter, herrlicher Baustoff.»

Atelier in Pisébauweise

In Kaltbrunn SG erbaute Ernst Sturzenegger in Stampflehmtechnik ein Atelier für einen Steinbildhauer als Annex zu einem alten Toggenburgerhaus. Damit im Garten keine Bäume gefällt werden mussten, wurde der Neubau im Abstand zum Haus auf eine freie Fläche gestellt. Diverse Studien von segmentierten Wandscheiben zu nischenartigen Formen führten zur einfachsten Version, dem quadratischen Grundriss, dessen Aussenmasse dem ursprünglichen Kellergeschoss des alten Hauses entsprechen. Eine klare Architektur mit rundumlaufenden Oberlichtern verleiht den massiv gestampften Lehm-

Atelier in Pisé-Bauweise mit Fundation aus Sandsteinquadern.

wänden Wuchtigkeit. Die Fundation besteht aus Sandsteinquadern, die über Terrain verlaufen. Als Lehmmaterial wurde magere, steinige Verwitterungserde mit relativ geringem Tonanteil verwendet. Mit einfachen Holzverschalungen wurden die Stampflehmwände schichtweise aufgebaut; das Material kam direkt aus dem Aushub und wurde nicht speziell aufbereitet.

Bis jetzt (Baujahr 1989) ist das Gebäude immer noch ohne äusseren Verputz. Selbst auf der exponierten Wetterseite zeigten sich nur ganz geringe Auswaschungen, die sich jedoch inzwischen stabilisiert haben. Das Wohnhaus selber wurde mit ganz verschiedenen Lehmbautechniken saniert und umgebaut. So wurden vor die alten massiven Holzstrickwände Strohlehm-Vorsatzschalen aufgebaut, die mit Sumpfkalk geputzt sind.

Mehrzweckgebäude nach Modulor-Massen

Das fünfeckige Mehrzweckhaus in einem anthroposophischen Heim in Urnäsch AR wurde im Eigenbau erstellt und mit Strohlehm ausgefacht. Die Fundation liegt trotz der erheblichen Gewichte nur an einzelnen Punkten auf – das Dach ist begrünt. Die Lehmarbeiten wurden 1986 unter Anleitung mit geistig Behinderten ausgeführt. Zur Freude aller Beteiligten hat sich die Konstruktion bis heute bestens bewährt.

Bauzeit: 1989
Architekt: Ernst Sturzenegger, Hügelstrasse 4, CH-9000 St. Gallen, Telefon 071/24 52 92

Passive Solararchitektur mit tragenden Lehmwänden

Innenmauerwerke mit Massivlehmziegeln.

Hausbau mit massiven tragenden Lehmziegelwänden in Belgien

In Anlehnung an die historische Massivlehmziegeltechnik entstand in der Nähe des Universitätsgeländes, 20 km südlich von Brüssel in Louvain-la-neuve ein modernes Lehmhaus in Passiv-Solararchitektur. Sämtliche Lehmziegel, im Format 10 × 10 × 22 cm, wurden mit dem an der Baustelle vorhandenen Lehm mit Hilfe einer einfachen Lehmziegelpresse (Einhandpresse) selbst hergestellt. Die tragenden Aussenwände wurden 36,5 cm stark mit Lehmmörtel gemauert; die tragenden Innenwände, ebenfalls mit Lehmmörtel gemauert, sind 24 cm dick. Viele Fenster- und Türöffnungen im Innen- wie auch im Aussenbereich wurden in Gewölbeform mit Lehmziegeln ausgeführt. Die gesamte Südfassade wurde komplett verglast. Die viele Tonnen schweren Lehmwände speichern in hervorragender Weise die Sonnenwärme.

Die Holzbalkendecke wurden mit selbsthergestellten Strohleichtlehmelementen gefüllt, im Erdgeschoss wurde sie mit eingespannter, 5 cm starker Schilfrohrmatte mit Strohleichtlehmfüllung im Selbstbau hergestellt. Sämtliche Massivlehmwände wurden als Sichtmauerwerk ausgeführt, lediglich auf der Wetterseite wurde die Fassade mit einer Holzverschalung verkleidet.

Weitere Informationen: André Schopmann, Dorpstraat 17, B-3792 St. Pieters-Voeren, (Belgien), Telefon 074/66 23 37

Schalungsfreier Lehmkuppelbau nach historischen Vorbildern

Lehmkuppelbau in Argentinien in Anlehnung an lokale Traditionen

Die Technik des Kuppel- und Gewölbebaus beherrschten viele Völker. Sie ist daher auch auf der ganzen Welt verbreitet. Im Niltal findet man nubische Gewölbe aus Lehm, die über 3000 Jahre alt sind. Mit der Zeit entwickelten sich immer kompliziertere Kuppel- und Gewölbebautechniken mit den unterschiedlichsten Baumaterialien. Gemeinsam ist ihnen allen, dass für die Dachform kein Holz benötigt wird. Kuppel- und Gewölbebau ist daher gerade in Gebieten mit Holzknappheit weitverbreitet und perfektioniert worden.

Ein ungewöhnliches Lehmbauprojekt in Gewölbebauweise entsteht in der nordwestargentinischen Provinz Tucuman, im Andendorf San Pedro de Colalao auf 1000 m Höhe. Die Siedlung umfasst nach der Vollendung Wohn- und Therapieräume, Hotel und Gästehaus. Kuppelbauten haben in jener Region Tradition. Sie finden sich vor jedem Wohnhaus als Back- oder Kochofen oder dienen im kleingewerblichen Bereich zur Tabaktrocknung.

In Anlehnung an diese traditionelle lokale Architektur entstehen in der neuen Siedlung verschiedene Gebäude mit Kuppel- und Tonnengewölben. Sie sind wie ihre lokalen Vorbilder mit luftgetrockneten Lehmsteinen, Adobe-Ziegeln mit einem hohen Tonanteil, errichtet. In der regional üblichen Bauweise werden die kreisförmigen Aussenmauern im Spritzwasserbereich bis auf etwa 60 cm über Erdboden mit sichtbaren glatten Flusssteinen gemauert. Darauf aufgebaut ist eine 2,20 m hohe Lehmwand von 40 cm Stärke, bevor der gewölbte Kuppelteil folgt. Die

Gewölbe-Lehmbauer bei der Arbeit

kleineren Kuppeln als Wohn- oder Therapieeinheit haben einen Durchmesser von 4,80 bis 6,00 m. Die grosse Kuppel steht auf 8 Mauern, die sternförmig angelegt sind. Auf diesen liegt in 3 m Höhe ein Ringanker, der die Kuppel mit einem Durchmesser von 8,80 m und einer Höhe von 7,80 m trägt. Das ganze Projekt wird mit ortsansässigen Handwerkern realisiert.

Das grosse Lehmgewölbe wird ohne grosse statische Berechnungen, Armierungen, DIN-Normen und Materialprüfungen erstellt. Allerdings ist das Vertrauen in das verwendete Baumaterial gerechtfertigt: Die Druckfestigkeit der ungebrannten Adobe-Steine beträgt 50 kg/cm². Kuppeln und Gewölbe lassen sich, wenn die Technik beherrscht wird, äusserst rationell erstellen und ergeben sehr harmonische Räume von hohem Wohnwert.

Lehmbau-Kuppelprojekt:
4124 San Pedro de Colalao, Provinz Tucuman, Argentinien
Lehmbauberatung: Hans Baumann,
Lehmbauer MSC, Timmerberg 22, D-2300 Kiel,
Telefon 04 31/33 69 71

Lehmkuppelprojekt Baumann in Argentinien

Fachtechnischer Teil

Lehmprüfverfahren

Die Lehmprüfung liefert Entscheidungsgrundlagen dafür, welche Lehmbautechnik mit dem Baulehm direkt aus der Baugrube vor Ort möglich ist. Dazu entnimmt man in unterschiedlichen Tiefen (40, 60, 80 cm) ca. 15 Lehmproben, schüttet sie zusammen und vermischt sie gut. Anschliessend werden 200 g davon gut durchgesiebt, wobei die maximale Körnung des Siebes 1 mm beträgt. Notfalls müssen etwas gröbere Teile mit dem Hammer zerkleinert werden.

Kugelfallprobe – ein einfaches Prüfverfahren für Selbstbauer

Man nehme 200 g gesiebten Lehm, forme diesen zu einer kleinen Kugel, wobei die Lehmmischung erdfeucht sein muss. Dann lässt man aus einer Höhe von 2 m die handgeformte Lehmkugel auf eine glatte Unterlage fallen. Wenn auf der Lehmkugel eine maximale Abplattung von 5 cm Durchmesser entsteht, ist der Lehm geeignet. Sollte die Abplattung nicht gleichmässig rund erscheinen, darf die Differenz maximal 2 mm betragen.

- Zerfällt die Kugel, ist der Lehm völlig unbrauchbar,
- zeigen sich bei der Abplattung keine oder nur wenige Risse, ist der Lehm fett,
- zerfällt die Kugel nicht, obwohl sich starke Risse bilden, ist der Lehm mager.

Im Lehmbau werden magere Lehme z. B. für Lehmputze und fette Lehme z. B. für Holzleichtlehmmischungen, Strohlehmmischungen oder mineralischen Leichtlehm verwendet.

Einfache Druckfestigkeitsprüfung von Lehmziegeln

Prüfung der Bindekraft nach der Achterlingsprobe (Vornorm DIN 18952)

Eine sehr alte, bewährte Prüfmethode, die früher insbesondere für die Prüfung von Lehm angewandt wurde, mit welchem man tragende, massive Mauerwerke stampfte, ist die sogenannte Achterlingsprobe. Hierbei werden 200 g gesiebter Lehm in drei Lagen unter Druck mit der Hand in die sogenannte Achterlingsform eingeschlagen. Danach wird die Achterlingsform sofort in den Zerreissapparat eingespannt, um die Zugfestigkeitsprüfung durchzuführen. Reisst die Probe innerhalb einer Stunde ab, ist der Lehm sehr leicht schlämmbar, das heisst, er hat eine geringe Bindekraft. Bleibt die Probe länger als eine Stunde im Zerreissapparat hängen, hat er eine hohe Bindekraft. Alle Lehmproben, die früher als nach 45 Minuten abfallen, sind für die Baupraxis unbrauchbar (das heisst, z. B. nur als Deckenfüllung verwendbar, nicht für Putze oder als Wandbaustoff)...

Prüfung des Trockenschwindmasses

Eine wichtige Lehmprüfung, insbesondere bei Anwendung in Massivlehm-Stampftechnik oder z. B. bei der Herstellung von Massivlehmziegeln, ist die Prüfung des Trockenschwindmasses.

Hierfür werden 200 g gesiebter Lehm in drei Lagen unter Druck in eine längliche Holzform eingeschlagen. Die dabei verwendete Lehmmischung soll erdfeucht sein, damit das sogenannte Längsschwundmass gemessen werden kann.

Nach Trocknung der Lehmprobe in der Holzform kann man anhand des entstehenden Schwunds ablesen, ob es sich um mageren, fetten oder sehr fetten Lehm handelt:

- magerer Lehm schwindet um 2 bis 5 mm,
- fast fetter Lehm schwindet um 4 bis 7 mm,
- fetter Lehm schwindet um 6 bis 10 mm,
- sehr fetter Lehm schwindet um 8 bis 20 mm.

Für die Lehmbaupraxis bedeutet dies: Wird z. B. sehr fetter Lehm in eine Holzleichtlehm- oder in eine mineralische Leichtlehmmischung eingebaut, muss mit Sand abgemagert werden. Dies gilt ebenso für die Herstellung von Massivlehmziegeln, wobei hierfür in der Regel magerer Lehm verwendet wird.

Prüfung des Absetzverhaltens von Lehm

Lehm ist ein Gemisch aus Ton, Schluff, Sand und Kies. Ton ist hierbei das Bindemittel, Schluff, Sand und Kies bezeichnet man als Zuschlagsstoffe. Ton besteht aus Kristallplättchen von weniger als einem Tausendstelmillimeter Grösse. Diese Kristallplättchen sind schichtenweise aufgebaut. Fügt man den dicht aufeinanderliegenden Kristallplättchen Wasser hinzu, bilden sich zwischen den Plättchen leitfähige Wasserfilme, die eine feuchte und flüssige Verarbeitung des Lehms ermöglichen.

Um für die Baustellenpraxis in einfacher Form die jeweilige Zusammensetzung prüfen zu können, gibt man eine bestimmte Menge Lehm, z. B. 100 g, in ein Glas mit Wasser. Das Wasser muss dabei einige Zentimeter über dem Lehm stehen. Dann wird das Gefäss im Laufe eines Tages mehrmals durchgeschüttelt, am nächsten Tag kann man sehen, wie sich die verschiedenen Teile abgesetzt haben: Grobkies ist ganz unten, Sand darüber, Ton liegt obenauf.

Wenn sich nach einem Tag die Teile nicht abgesetzt haben, ist der Lehm sehr fett und lässt sich nicht gut aufbereiten.

Prüfung des Kalkgehalts im Lehm

Der Kalkgehalt im Lehm liefert einen wichtigen Hinweis auf Frostempfindlichkeit und Quellsicherheit. Ist der Kalkgehalt zu hoch, verwittert die Oberfläche der Lehmwand sehr schnell, Lehmputze bröckeln ab, Lehmwände zeigen sehr grosse Schäden bis hin zu statisch nicht mehr tragenden Wänden. Als Grundregel gilt: Für sämtliche Lehmarbeiten sollte der Kalkgehalt nicht höher als maximal 4% sein.

Eine einfache Kalkprüfung funktioniert folgendermassen:

Etwas Lehm wird in Art einer kleinen «Lehmpizza» von 1 bis 2 cm Durchmesser geformt und im Ofen getrocknet. Ist der Lehm vollständig durchgetrocknet, werden einige Tropfen Salzsäure aufgeträufelt. Wenn bei der Berührung Salzsäure mit dem Lehmkuchen die Salzsäuretropfen sofort zu schäumen beginnen, so liegt der Kalkgehalt mit Sicherheit über 5%. Schäumt es nicht oder nur ganz wenig, ist der Lehm als Baulehm brauchbar.

Lehmbauprüfgeräte

Nahaufnahme Leichtlehmwand

Tonkristalle unter Elektronenmikroskop

Rechenwerte für die Wärmeleitfähigkeit von Lehmbaustoffen

Aufgrund der Untersuchungen von Beidatsch, Pollack und Richter, Caspereit und Volhard gelten folgende Wärmeleitzahlen (W/m^{2}K) in Abhängigkeit vom Raumgewicht (kg/m^3):

	Raumgewicht kg/m^3	Wärmeleitzahl W/mK
Leichtlehm	300	0,1
	400	0,12
	600	0,17
	800	0,25
	1000	0,35
	1200	0,47
Strohlehm	1400	0,59
	1600	0,73
Massivlehm	1800	0,91
	2000	1,13
Zum Vergleich:		
Schwerbeton	2400	2,1
Vollziegel	1800	0,81
Leichtziegel	800	0,33
Gasbeton	600	0,19
Nadelholz	600	0,13
Holzwolle-Leichtbauplatte	400	0,09

* Beidatsch, Alfred: Wohnhäuser aus Lehm, Berlin/Buxtehude 1946, S. 14. Pollack, E.; Richter, E.: Technik des Lehmbaus, Ost-Berlin 1952, S. 19. Caspereit, H.: Leichtlehm im Wohnungsbau, Der Bauhelfer, H. 20, 1947, S. 19. Volhard, F.: Leichtlehmbau, Karlsruhe 1983, S. 418.

k-Wert-Berechnungen an drei Beispielen

Beispiel 1: k-Wert-Berechnung einer mit leichten Strohlehmziegeln (600 kg/m^3) ausgefachten Fachwerkwand:

Baustoff	Raumgewicht kg/m^3	Dicke m	W/mK	W/m^{2}K
50% Strohlehmziegel	600	0,18	0,17	1,06
50% Holz	600	0,18	0,18	1,00
				2,06
	2,06 : 2 = 1,03	1 : k = 1 : 1,03 = 0,97 = K		

Beispiel 2: k-Wert-Berechnung von alter, mit historischer Geflecht/Bewurftechnik (Rohdichte des alten Strohlehms = 1400 kg/m^3) ausgefachter Fachwerkwand inklusive Innendämmung d = 20 cm mit Holzleichtlehm oder Mineralleichtlehm:

Baustoff	Raumgewicht kg/m^3	Dicke m	W/mK	W/m^{2}K	
50% Strohlehm	1400	0,18	0,59	0,31	
50% Holz	600	0,18	0,18	1,00	
				1,31 : 2 = 0,66	
Holzleichtlehm	600	0,20	0,18	1,06	
Putz mit Faserstoffen	1400	0,02	0,59	0,03	
				1,09	1,09
					1,75
	1 : k = 1 : 1,75 = 0,57 = K				

Beispiel 3: Lehmaussenwand bestehend aus 10-cm-Schilfrohrplatten (190 kg/m^3) und 25 cm Holzleichtlehm (600 kg/m^3):

Baustoff	Raumgewicht kg/m^3	Dicke m	W/mK	W/m^{2}K
2 Schilfrohrplatten	190	0,10	0,06	1,79
Holzleichtlehm	600	0,25	0,17	1,47
				3,26
	1 : k = 1 : 3,26 = 0,31 = K			

Der Einfachheit halber haben wir die in Deutschland übliche Kennziffer 0,13 bzw. 0,04 für Schichtaufbau weggelassen. Die so gerechneten k-Werte würden dadurch noch verbessert.

Trockenlehmpulver für Lehmputze und Mauermörtel

Jeder Selbstbauer oder Handwerker, der wenige Quadratmeter Lehmwände verputzen will, kennt das Problem: Wie beurteile ich meinen eigenen Baustellenlehm? Wie und mit welchen Zuschlagsstoffen muss ich den Lehm mischen? Wenn kein Lehm da ist, woher erhalte ich aufbereiteten Lehm? Für solche Fälle wurde ein in Säcken abgepacktes Trockenlehmpulver auf den Markt gebracht, welches von Ökologie in der Regio (Adresse siehe Anhang) vertrieben wird. Grössere Mengen (für 25-m^3-Silo) werden an die Baustelle geliefert. Das Lehmpulver mit dem Produktenamen EIWA-Lehmmörtel hat einen gleichbleibenden Tongehalt von 12,5%, ist fein wie Mehl gemahlen und kann sogar mit handelsüblichen Putzmaschinen (mit Schneckenpumpen), wie bei modernen Putzarbeiten üblich, maschinell verarbeitet werden. Für den Selbstbauer entfällt die aufwendige Lehmaufbereitung, die oft nur mit speziellem Zwangsmischer bewältigt werden kann: Ein einfacher Betonmischer oder Rührquirl tut's hier auch.

Die Anwendungsgebiete von EIWA-Trockenlehmpulver sind sehr vielseitig:

- Verbesserung des Tongehalts von Magerlehmen
- Herstellung von Lehmputzen, Mauermörtel, Lehmschlämmen
- Herstellung von Strohlehm, z. B. für Gefachreparatur oder Lehmdecken
- Trockenschüttung für Deckenaufbauten
- Herstellung von Holz- oder Mineralleichtlehm.

Rezepte mit EIWA-Trockenlehmpulver

	Mauermörtel	Lehmunterputz	Lehmoberputz	Strohlehm für Gefachreparatur	Lehmschlämme
Mischungsverhältnisse (in Raumteilen)					
Lehmpulver	1	1	1	1	1,5 Teile Lehm in
gewaschener Sand*	2,5	1	3	1	1 Teil Wasser
Strohhäcksel**		3		4	
Anwendung für	Strohlehmziegel Massivlehmziegel Backsteine aussen und innen	Putze auf alle Lehmflächen, Schilfplatten, Korkplatten, Holzwolleleichtbauplatten, Ziegelwände, sogar auf Beton im Innenbereich	auf alle vorgearbeiteten Lehmuntergründe, auch einlagig z. B. auf Fermacell; aussen bei gut geschützten Fassaden	zum Risseschliessen für Gefachreparatur, für Neuausfachung als Bewurflehm, für alle Lehmdecken wie z. B. Trapezleistenlehmdecke	Untergrundvorbereitung für alle Lehmarbeiten, Einschlämmen von Holzteilen, die mit Lehm in Kontakt kommen, zur Holzkonservierung

* gewaschener Sand, Körnung 0–2 mm ** älteres Strohhäcksel, ca. 2–4 cm lang

Der Produktlieferung wird eine ausführliche Technische Mappe mit vielen Rezepturen beigefügt, aus welcher wir im folgenden einige Rezepte vorstellen:

Weitere Informationen bei: Ökologie in der Regio, Metzgergasse 6, D-7814 Breisach, Telefon 076 67/72 90, Fax 076 67/8 03 25
Albinat AG, Hauptstrasse 66, CH-8572 Berg, Telefon 072/46 22 33

Deckenkonstruktionen (Fussbodenaufbau) mit Trockenlehmbautechniken

Bei den im folgenden dargestellten Deckenkonstruktionen handelt es sich um Standardaufbauten, wie sie sowohl in der Altbausanierung als auch beim Lehmhausneubau angewendet werden. Die vorgestellten Deckenkonstruktionen sind so einfach aufgebaut, dass sie problemlos auch von Laien im Selbstbau ausgeführt werden können.

Deckenfüllungen mit Lehm haben sehr gute Schallschutzeigenschaften. Hierbei ist zu beachten, dass die reine Lehmfüllung lediglich gegen Raum- und Körperschall schützt. Der Trittschallschutz ist durch zusätzliche, weitere Massnahmen zu gewährleisten. Im ökologischen Bauen eignen sich hierzu z. B. Trittschalldämmmatten aus Jutefilz mit eingenähtem Rieselpapier, die in unterschiedlichen Stärken erhältlich sind. Wichtig für die Gewährleistung eines guten Trittschallschutzes ist, dass die beiden Böden (Rohboden und Fertigboden) z. B. durch Jutefilz-Trittschallmatten völlig getrennt aufgebaut werden. Bei der Verlegung von Holzdielenböden darf die Befestigung (Nagel oder Schraube) nur in das Lagerbrett geführt werden; ein Kontakt mit dem Deckenbalken ist unbedingt zu vermeiden.

Damit die Schallwellen nicht vom Fussboden in die angrenzenden Wände übertragen werden, müssen an den Fussbodenrändern 10–15 mm starke Schallrandstreifen aus Jutefilz angebracht werden.

Raum- und Körperschallschutz mit Lehmziegeln

Bei den vorgestellten Detailkonstruktionen werden sowohl zwischen die Deckenbalken als auch über die tragende vollflächige Holzverschalung wahlweise Massivlehmziegel oder Strohleichtlehmziegel aufgelegt. Massivlehmziegel werden dann im Deckenbereich angewendet, wenn ausschliesslich wärmespeichernde und gute Schallschutzeigenschaften gewünscht sind (z. B. Deckenaufbau, Decke über Erdgeschoss bei vollflächig bewohntem Erd- und Obergeschoss). Die Verwendung von Strohleichtlehmziegeln ist dann sinnvoll, wenn die darunterliegenden Räume nicht beheizt sind (z. B. Decke über Kellergeschoss). Hier wirken die eingebauten Strohleichtlehmziegel sowohl wärmedämmend als auch wärmespeichernd und gewährleisten einen ausreichenden Raum- und Körperschallschutz.

Im Deckenbereich, wo keine direkte statische Beanspruchung vorliegt, ist es selbstverständlich auch möglich, den am Ort anfallenden Lehm von erdfeuchter Konsistenz einzubauen (siehe Projekt Via Felsenau).

Massivlehmziegel: Formate und Flächengewichte

In der Lehmbaupraxis werden je nach Höhe des Deckenaufbaus Massivlehmziegel in unterschiedlichen Formaten und unterschiedlichen Flächengewichten verwendet. Sie sind 4 bis 12 cm dick und weisen je nach Höhe und Herstellungsprozess unterschiedliche Quadratmeter-Flächengewichte auf:

Format		Höhe des Massivlehmziegels	Flächengewicht je m²
Sonderformat	24 × 11,5 cm	40 mm	ca. 55 kp
DF-Format	24 × 11,5 cm	52 mm	ca. 95 kp
MF-Format	24 × 11,5 cm	72 mm	ca. 120 kp
2-DF-Format mit Lochanteilen	24 × 11,5 cm	115 mm	ca. 120 kp
2-DF-Format voll	24 × 11,5 cm	105 mm	ca. 170 kp

Die genannten Massivlehmziegel werden auf Paletten an die Baustelle geliefert und sind in der Regel mit einer Transportfolie verschweisst. Sie sind gut zu bearbeiten (mit Alligator-Steinsäge, Gasbeton-Bandsäge oder durch einfaches Schlagen mit dem Maurerhammer) und haben eine hohe Druckfestigkeit, im Durchschnitt 2,5 N/mm². Das bedeutet für die Baupraxis: Massivlehmziegel im Deckenbereich können vollflächig verlegt und mit den üblichen Lastannahmen im Wohnbereich vollflächig belastet werden. (Zum Vergleich: Ein gebrannter Backstein weist eine Druckfestigkeit von ca. 3,2 N/mm² auf.) Massivlehmziegel werden, je nach Lochanteil, in Rohdichten von 1,7 bis 1,9 t je m³ hergestellt. Bei der Herstellung wird darauf geachtet, dass keine organischen Faserstoffe beigemischt sind; Massivlehmziegel sind deshalb völlig schimmelpilzsicher.

Darüber hinaus sind Massivlehmziegel in der Lage, im Vergleich zu gebrannten Ziegeln das Zwanzigfache an Feuchtigkeit aufzunehmen, zu speichern und langsam an die Raumluft wieder abzugeben. Lehmdecken mit Massivlehm- oder Strohleichtlehmziegeln mit ihren hervorragenden hygroskopischen Eigenschaften gewährleisten ein gesundes, angenehmes Raumklima.

Deckenkonstruktion mit Massivlehmziegeln auf Blindschalung

Ausschreibungstext/Arbeitsanleitung

- Pos. 1: Nach Einbau von Blindschaltbrettern vollflächiges Verlegen von Jutefilz-Trittschallmatten mit eingenähtem Rieselpapier, d = 15 mm.
- Pos. 2: Zwischen Deckenbalken Verlegen von Massivlehmziegeln der Höhe 40 bis 115 mm und des entsprechenden Flächengewichtes von 55 bis 170 kp je m².
- Pos. 2a: Vollflächiges Überziehen der eingebauten Massivlehmziegel mit Lehmschlämme.
- Pos. 3: Auf Deckenbalken Verlegen von Jutefilz-Trittschallstreifen der Stärke d = 100 mm.

- Pos. 4: Auf Jutefilz-Trittschallstreifen Verlegen von Lagerbrett, d > 32 mm.
- Pos. 5: Aufbringen von Holzdielenbelag, Befestigung mit Nägeln oder Schrauben, dürfen keinen Kontakt mit Deckenbalken haben.

Einfache Massivlehmdecke mit sichtbaren Deckenbalken

Ausschreibungstext/Arbeitsanleitung

- Pos. 1: Vollflächiges Verlegen von Jutefilz-Trittschallmatte mit eingenähtem Rieselpapier, d = 15 mm, Verlegung über Massivholzschalung.
- Pos. 2: Über Deckenbalken Verlegen von Jutefilz-Trittschallstreifen, d = 10 mm.
- Pos. 3: Verlegen von Lagerholz über Jutefilz-Trittschallstreifen, d > 40 bis 120 mm.
- Pos. 4: Zwischen Lagerhölzer Verlegen von Massivlehmziegeln als Deckeneinschub, Höhe d = 40 bis 115 mm, entsprechendes Flächengewicht von 55 bis 170 kp je m^2.
- Pos. 5: Aufbringen von Holzdielenböden, Befestigung mit Schrauben oder Nägeln, dürfen keinen Kontakt zum Rohboden/Deckengebälk haben.

Hochschalldämmende Massivlehmdecke mit sichtbaren Deckenbalken

Ausschreibungstext/Arbeitsanleitung

- Pos. 1: Vollflächiges Verlegen von Jutefilz-Trittschallmatten mit eingenähtem Rieselpapier, d = 15 mm, Verlegung über Rohbödenbelag.
- Pos. 2: Auf Jutefilz-Trittschallmatten vollflächiges Auflegen von Massivlehmziegeln von 50 bis 116 mm Höhe und entsprechendem Flächengewicht von 55 bis 170 kp je m^2.
- Pos. 3: Über Massivlehmziegelbelag vollflächiges Verlegen von Jutefilz-Schalldämmatte, d = 10 mm.

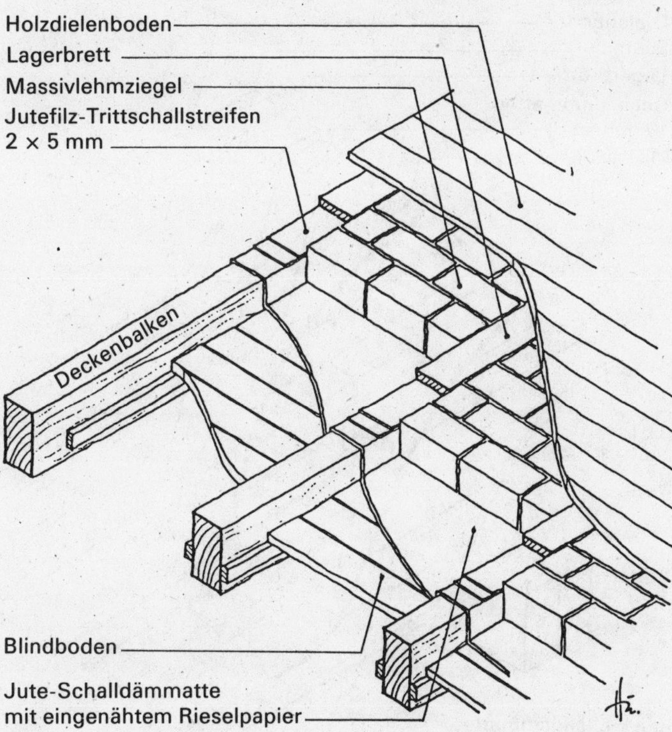

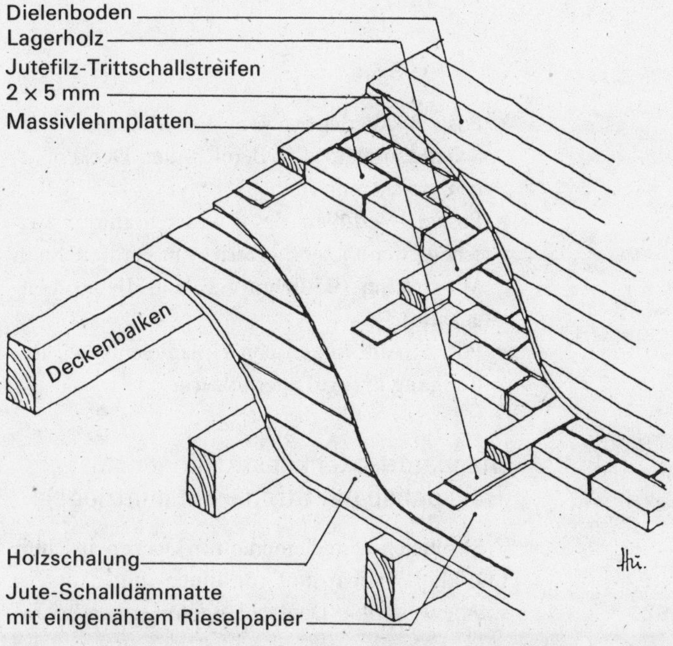

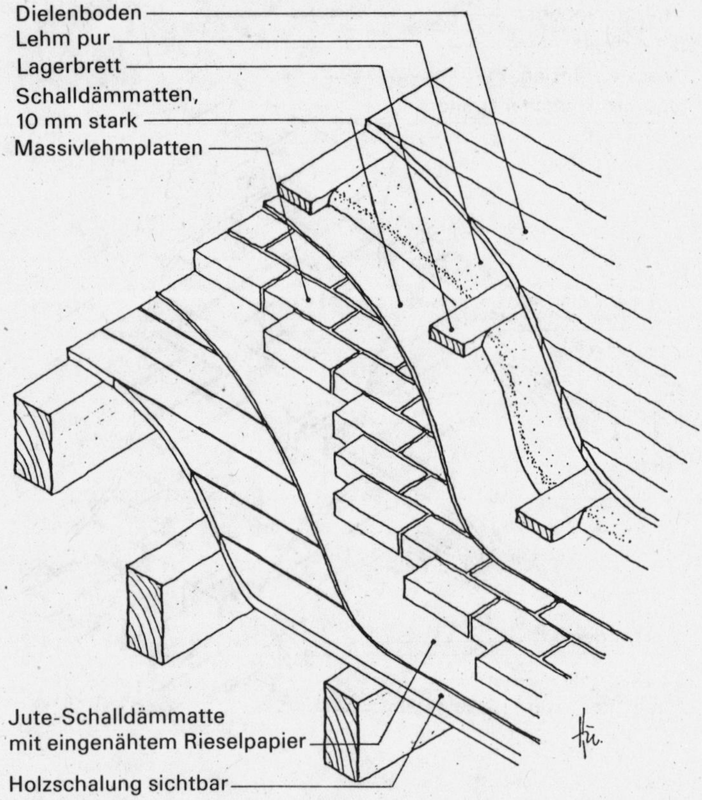

- Pos. 4: Verlegen von Lagerhölzern über Schalldämmatte im Bereich der Deckenbalken, d > 32 mm.
- Pos. 5: Verfüllen des Zwischenraumes zwischen den Lagerhölzern mit erdfeuchtem Massivlehm (Baulehm z. B. aus Baugrubenaushub).
- Pos. 6: Aufbringen von Holzdielenbelag, Befestigung in den Lagerhölzern.

Standarddeckenkonstruktionen im Trockenbau mit Strohleichtlehmziegeln

Strohleichtlehmelemente für Deckeneinschub und als Wandbaustoff für Innen- und Aussenwände werden in Deutschland von einem Lehmbau-Fachbetrieb in Dettelbach-Schernau in unterschiedlichen Formaten hergestellt. Die Standardrohrdichte beträgt ca. 850 kg/m^2:

Format		Höhe der Elemente (d)	Flächengewicht je m^2
Sonderformat	30 × 24 cm	150 mm	ca. 128 kp
Sonderformat	30 × 24 cm	115 mm	ca. 98 kp
2-DF-Format	24 × 11,5 cm	115 mm	ca. 98 kp
6-DF-Format	36,5 × 24 cm	115 mm	ca. 98 kp

Strohleichtelemente werden aus den Naturrohstoffen Stroh, Lehm und Sand hergestellt und weisen im Mittelwert Druckfestigkeiten von ca. 1,75 N/mm^2 auf. Zur Berechnung von Wärmedämmwerten wird bei einer Rohdichte von 850 kg/m^3 die Wärmeleitzahl 0,27 W/m^{2}K zugrundegelegt.

Bei Lehmdeckenkonstruktionen in extremen Nasszellenbereichen (z. B. Fussbodenaufbau im Badezimmer) sollten Strohleichtlehmziegel aufgrund ihres organischen Faseranteils mit ausgestreutem Kalk gegen Schimmelpilzgefahr behandelt werden.

Strohleichtlehmziegel werden auf Paletten in Transportfolie an die Baustelle geliefert. Die Transportfolie sollte sofort nach Anlieferung an die Baustelle entfernt werden, damit sich darunter keine Kondensfeuchtigkeit und infolgedessen Schimmelpilz bilden kann. Eine horizontale hinterlüftete Abdeckung, als Feuchtigkeitsschutz auf die Paletten aufgelegt, ist völlig ausreichend.

Aufgrund der äusserst komplizierten Herstellungstechnik sind Strohleichtlehmelemente nicht immer exakt massgenau zu produzieren. Deshalb sollte man immer eine Toleranz von 10 bis 15 mm bei der Konstruktionshöhe miteinkalkulieren.

Im folgenden sind zwei typische Standard-Deckenkonstruktionen mit Strohleichtlehmelementen beschrieben.

Lehmdecke mit Strohleichtlehmziegeln auf Blindschalung

Ausschreibungstext/Arbeitsanleitung

- Pos. 1: Vollflächiges Verlegen von Jutefilz-Trittschallmatte mit eingenähtem Rieselpapier, d = 15 mm, verlegt auf Blindboden und Deckengebälk.
- Pos. 2: Vollflächiges Bestreuen der Jutefilz-Schallmatte mit Weisskalkhydrat, Stärke d = 3 mm.
- Pos. 3: Verlegen von Strohleichtlehmziegeln zwischen Deckenbalken in Höhe von 115 bis 150 mm und entsprechenden Flächengewichten von 98 bis 128 kp je m^2.
- Pos. 4: Verlegen von Jutefilz-Trittschallstreifen über Deckengebälk, d = 10 mm.
- Pos. 5: Verlegen von Lagerholz, h > 32 mm, über Jutefilz-Trittschallstreifen.
- Pos. 5: Überziehen der eingelegten Strohleichtlehmziegel mit einem Lehmestrich, bestehend aus einem Raumteil Weisskalkhydrat, einem Raumteil Lehm, zwei Raumteilen Sägemehl, Einbau in erdfeuchtem Zustand.
- Pos. 5: Nach Trocknung des zuvor eingebauten Lehmestrichs Einbau von Holzdielenboden, Befestigung mit Nägeln oder Schrauben ins Lagerholz ohne Kontakt zum Deckengebälk.

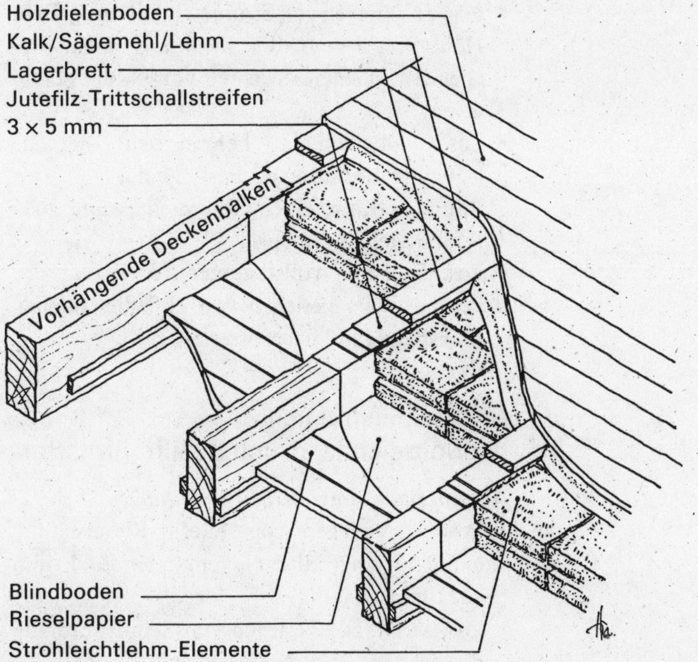

Lehmdecke mit Strohleichtlehmziegeln bei sichtbaren Deckenbalken

Ausschreibungstext/Arbeitsanleitung

- Pos. 1: Vollflächiges Verlegen von Jutefilz-Trittschallmatte mit eingenähtem Rieselpapier, d = 15 mm.
- Pos. 2: Über Deckenbalken Verlegen von Jutefilz-Trittschallstreifen, d = 10 mm.
- Pos. 3: Über Jutefilz-Trittschallstreifen Verlegen von Lagerholz in entsprechenden Höhen, d = 140 bis 180 mm.
- Pos. 4: Vollflächiges Bestreuen der Jutefilz-Schallmatte mit Weisskalkhydrat zwischen den Lagerhölzern, d = 3 mm.

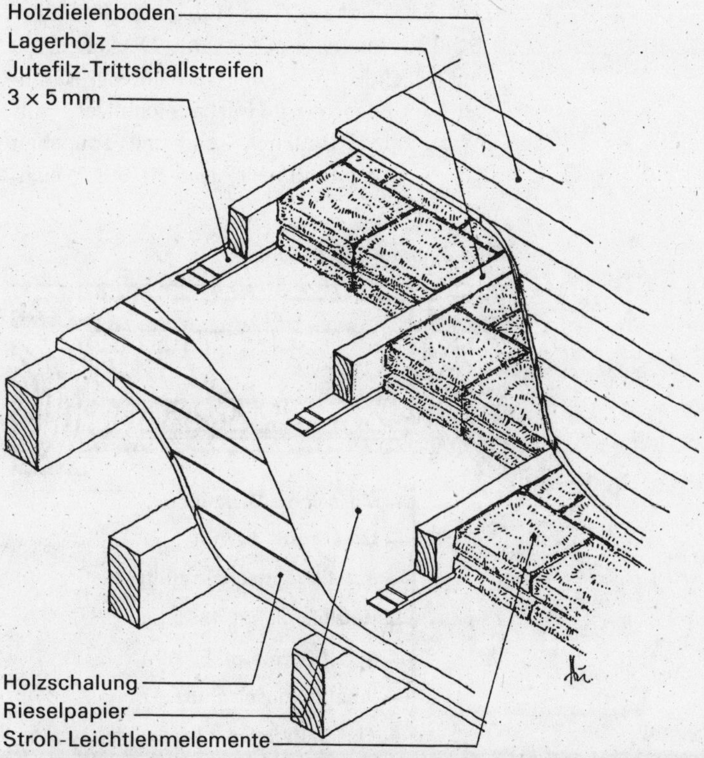

- Pos. 5: Verlegen von Strohleichtlehmziegeln in Höhe von d = 115 bis 150 mm und entsprechenden Flächengewichten von 98 bis 128 kp je m^2.
- Pos. 6: Überzug eines Lehmestrichs über verlegte Strohlehmziegel, bestehend aus einem Raumteil Kalk, einem Raumteil Lehm, zwei Raumteilen Sägemehl.
- Pos. 7: Nach vollständiger Trocknung des Lehmestrichs Verlegen von Holzdielenbelag, Befestigung in Lagerhölzern.

Deckenkonstruktion mit Holzleichtlehm und Schilfrohrmatten

Ausschreibungstext/Arbeitsanleitung

- Pos. 1: Verlegen von Jutefilz-Rieselschutzmatte mit eingenähtem Kreppapier d = 10 mm auf Blindschalung.
- Pos. 2: Darauf Verlegen von Schilfrohrmatte d = 50 mm.
- Pos. 3: Einbau von Holzleichtlehm über Schilfrohrmatte bis Oberkante Deckengebälk mit folgendem Mischungsverhältnis: 4 Raumteile rindenfreie Holzhackschnitzel aus Weichholz, 1 Raumteil Lehm mit Tongehalt von 6–12%, 1 Raumteil Sägemehl aus Weichholz.

Decke über Kellergeschoss

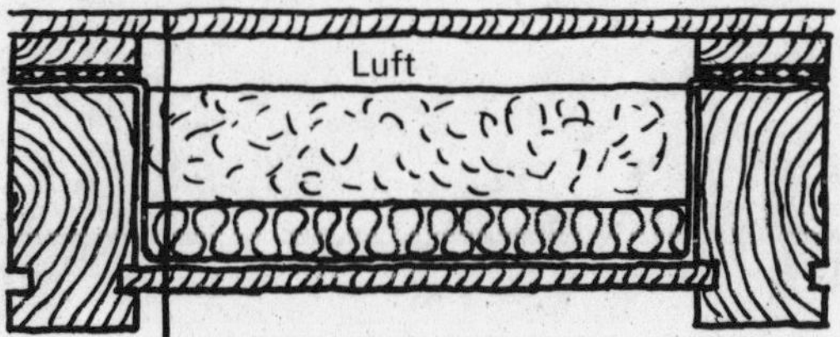

Erdfeuchte Mischung im Zwangsmischer angerührt

- Pos. 4: Aufbringen von Lehmschlämme d = 3–5 mm auf Holzleichtlehm.
- Pos. 5: Auflegen von Jutefilz-Trittschallstreifen d = 10 mm auf Deckenbalken.
- Pos. 6: Darauf Verlegen von Lagerholz d = 30 mm.
- Pos. 7: Aufbringen von Holzdielenbelag, Befestigung nur im Lagerholz.

Statische Gewichte:
50 mm Schilfrohrmatte = 9 kg/m^2
120 mm Holzleichtlehm = 56 kg/m^2 (trocken)

Dachkonstruktionen

Dachdämmung auf Sparren mit Zellulosedämmwolle und Massivlehmplatten

Ausschreibungstext/Arbeitsanleitung

- Pos. 1: Auflegen von Rieselschutzpapier (Alternative: Jutefilzmatte mit eingenähtem Kreppapier d = 4 mm) auf Holzschalung.
- Pos. 2: Über Dachsparren Befestigung von Überdachsparren d = 200 mm.
- Pos. 3: Verlegen von Massivlehmplatten (24 × 11,5 cm, d = 40 mm), Lastverteilung durch Einbau von horizontalen Halteleisten, befestigt an Überdachsparren im Abstand von ca. 2 m, Holzhalteleiste 40/60 mm.
- Pos. 4: Aufbringen von Unterdachplatte d = ca. 19 mm auf Überdachsparren (z. B. Holzweichfaserplatte paraffiniert).
- Pos. 5: Aufbringen von Konterlattung 30–40 mm.
- Pos. 6: Dachdämmung durch Einblasen von Zellulosedämmwolle B-2, d = ca. 160 mm.
- Pos. 7: Aufbringen von Dachlatten, Tonziegeldeckung nach Angaben des Herstellers.

Statische Gewichte:
40 mm Massivlehmplatten zusammen mit 160 mm Zellulosedämmwolle = ca. 54 kg/m^2

Dachkonstruktion mit Holzleichtlehm und Schilfrohrplatten

Ausschreibungstext/Arbeitsanleitung

Selbstbaudachdämmung bei Neubauten mit statisch ausreichend bemessenen Dachsparren. Sinnvoll in südlichen Wohngegenden mit langen, heissen Sommermonaten und in stark lärmgeschädigten Wohngegenden (z.B. Flughafennähe, Autobahnnähe, Belästigung durch militärische Tiefflieger). Bei Dachneigungen bis 40° geeignet.

- Pos. 1: Nach Einbau der Massivholz-Einschubböden, Nut und Feder, vollflächiges Verlegen von Jutefilz-Rieselschutzmatten d = 5 mm (mit eingenähtem Kreppapier).
- Pos. 2: Auf Jutefilzmatten vollflächiges Ausstreuen von Weisskalkhydratpulver (zur späteren Feuchtigkeitsbindung des Holzleichtlehms, damit keine Feuchtigkeit in die Einschubböden gelangt).
- Pos. 3: Einbau von Holzleichtlehmmischung bis Oberkante Dachsparren, wobei nur leicht verdichtet wird, angemischt mit Zwangsmischer nach folgendem Rezept (ca. 300 kg/m³): 1,5 Teile Baustellenlehm (Tongehalt höher als 8%), 3,5 Teile Holzhackschnitzel, rindenfrei aus Weichhölzern, 2,5 Teile Sägemehl aus Weichholz.
  Leicht erdfeuchte Mischung herstellen und mit Schrägaufzug oder Baustellenkran in Eimern zwischen den Sparren abkippen und leicht nachverdichten. Die Mischung ist dann richtig, wenn bei leichtem Nachverdichten der Holzleichtlehm liegenbleibt und nicht abrutscht. Abziehen über Dachsparren mit Abziehlatte.
- Pos. 4: Trocknungsphase. Abdecken des Holzleichtlehms mit hinterlüfteten Dachplanen, Trocknungsdauer 2–3 Wochen, je nach Feuchtigkeitsgehalt und Witterung. Achtung: Dachplanen sturmsicher befestigen.
- Pos. 5: Nach Trocknungsphase Aufbringen von Schilfrohrplatten d = 50 mm, befestigt mit

Dachkonstruktion mit Lehmplatten und Zellulosedämmwolle

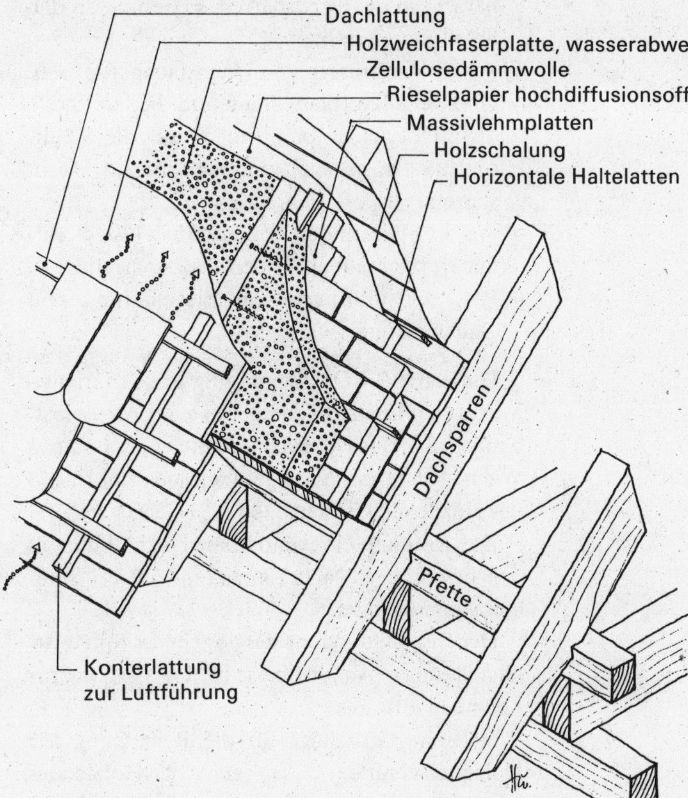

Dachkonstruktion mit Schilfplatten + Holzleichtlehm

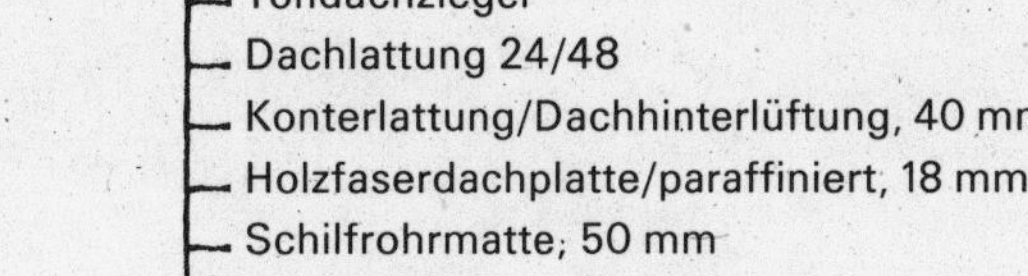

Nägeln und Unterlegscheiben (oder Heraklitnägeln) in die Dachsparren. Fixierung an den Schilfplattendrähten.

- Pos. 6: Aufbringen von Unterdachplatte (z. B. Holzweichfaserplatte Nut und Feder 18 mm dick, Oberfläche paraffiniert) auf die Schilfrohrplatten, genagelt durch Schilf auf Dachsparren.
- Pos. 7: Fixieren der Konterlattung (30–40 cm) mit Holzschrauben an den Dachsparren.
- Pos. 8: Aufbringen von Ziegellattung und Dachdeckung.

Diese Art der Dachdämmung ist sehr arbeitsintensiv und zeitaufwendig. Beispiel: Am Selbstbauprojekt Haus Bender arbeiteten 3 Leute 2 Wochen lang mit Schrägaufzug am Einbringen des Holzleichtlehms (ca. 165 m^2 Dachfläche).

Das Resultat: ein wunderbares Raumklima in den bewohnten Dachräumen, sowohl im Sommer wie im Winter.

Der Einbau durch professionelle Lehmbaufirmen ist teuer (Anhaltspreis: ca. 150 DM/m^2 für Lehmeinbau).

Statische Grundlage für die Bemessung der Holzquerschnitte: Gesamtgewicht Holzleichtlehm und Schilfplatte trocken: je m^2 Dachfläche ca. 80 kg/m^2, im Nasszustand ca. 95 kg/m^2 Dachfläche.

Wichtig: Die verwendeten Holzhackschnitzel wie auch das Sägemehl müssen absolut trocken geliefert und an der Baustelle trocken gelagert werden!

Wände und Mauerwerk

Vermauerung von Strohleichtlehmelementen aussen

Ausschreibungstext/Arbeitsanleitung

- Pos. 1: Einbau von Dreikantleisten seitlich und am Fuss der Gefache, Schenkellänge 24 bis 30 mm (gleichschenkliges Dreieck).
- Pos. 2: Alle später sichtbaren Holzteile innen und aussen einmal mit Grundieröl (Leinölfirnis verdünnt) einstreichen, Trocknungszeiten beachten!
- Pos. 3: Einschlämmen sämtlicher Holzteile im Anschlussbereich der Ausfachung (Dreikantleisten und Gebälk seitlich, oben und unten) mit Lehmschlämme.
- Pos. 4: Vermauern der Strohlehmsteine im Verband, Stoss- und Lagerfugendicke 0,7 bis 1,2 cm. Bei hohen Gefachen (ab 2,5 m Höhe) Einlegen von horizontalen Aussteifungslatten (quadratisch, Seitenlänge 24 bis 30 mm) in die Lagerfuge. Anschluss rechts und links kraftschlüssig.
- Pos. 5: Sägen der Steine: Bearbeitung mit Bandsäge (Widiablatt), am besten geeignet Gasbeton-Bandsäge oder Elektro-Schneidgeräte (Alligator-Säge).

Wichtig: Wenn das Mauerwerk einen Lehmputz erhalten soll, kann man in einem Arbeitsgang mit der Vermauerung der Strohlehmsteine den Mauermörtel als Grundputz auftragen. Bei späterem Verputz mit Kalkputz: Auskratzen der Stoss- und Lagerfugen. Trocknungszeit für späteren Kalkputz: 3 bis 5 Wochen. Damit der Aussenputz mit dem Fachwerk bündig ist, müssen die Strohlehmsteine 2 bis 2,5 cm vom Holzgefach zurückspringen. Bei späterem Lehminnenputz, Putzstärke ca. 10 mm sollte die Ausmauerung ebenfalls ca. 10 mm zurückspringen.

Innenvorsatzschale im Fachwerk- und Neubau mit Strohleichtlehmelementen

Ausschreibungstext/Arbeitsanleitung

- *Vorbereitung der Holzkonstruktion:* a) Verlegen der Fussschwelle, Breite etwa 160 mm, Dicke 80 bis 120 mm. b) Anbringen von senkrechten Holzständern an Tür- und Fensterrahmen. Nach statischen Vorschriften müssen alle 4 m Hölzer zur Aussteifung eingebaut werden.
- *Vorbereitungsarbeiten:* a) Alle später sichtbaren Holzteile einmal mit Grundieröl (verdünnter Leinölfirnis) einölen, Trocknungszeit abwarten. b) Einbau von Dreikantleisten, an der Schwelle und seitlich an den Holzständern, Dreikantleisten und Schenkellänge d = 24 bis 30 mm, (gleichschenklig). c) Einschlämmen sämtlicher seitlichen horizontalen Holzteile mit Lehmschlämme.
- *Ausführung der Ausmauerung:* a) Vermauerung der Strohlehmsteine, Lagerfuge/Stossfuge ca. 15 mm dick, Mauermörtel bestehend aus Lehmmörtel. b) Einbau von horizontalen, quadratischen Holzleisten in die Lagefuge ab 2,5 m Höhe.

Wichtig: Bei Anwendung von späterem Lehmputz und sichtbarem Holzgebälk: Zurückspringen der Ausfachung etwa 10 mm. Bei später verputztem Holzwerk, bündiges Ausmauern mit dem Holzständerwerk. Bei späterem Lehmputz kann in einem Arbeitsgang mit der Ausmauerung der Mauermörtel als Lehmgrundputz aufgetragen werden.

Zur Verbesserung der Wärmedämmung und zur Gewährleistung eines homogenen Wandanschlusses sollte der Zwischenraum zwischen Vormauerung und vorhandener Ausfachung mit mineralischem Leichtlehm, Stärke d = 30 bis 100 mm, verfüllt werden.

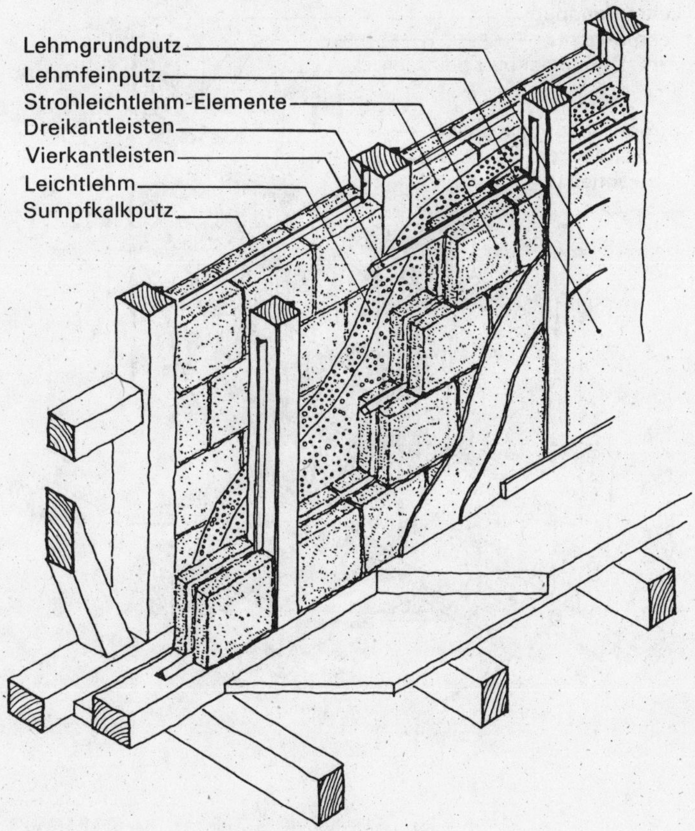

Verarbeitungshinweise bei der Verwendung von Strohleichtlehmziegeln als Innenvorsatzschale im Fachwerkbau

Damit der kapillare Wasserdampftransport gewährleistet ist, müssen Strohlehmziegel homogen, ohne Luftschicht an die vorhandene Fachwerkaussenwand direkt angemauert werden. Dabei sind etwa vorhandene Gipskartonplatten, Zementputze, Kalkputze, Styropordämmplatten usw. zu entfernen, bis lediglich die tragenden Fachwerkhölzer oder die historische Lehmoberfläche vorhanden sind. Bei mit Vollziegeln oder Bimssteinen ausgemauerten Gefachen kann der Kalkputz auf der Innenseite belassen werden. Etwa vorhandene Gipsputze müssen ebenfalls entfernt werden. Zur Verbesserung des Kontaktanschlusses der neuen Strohlehmwand mit den

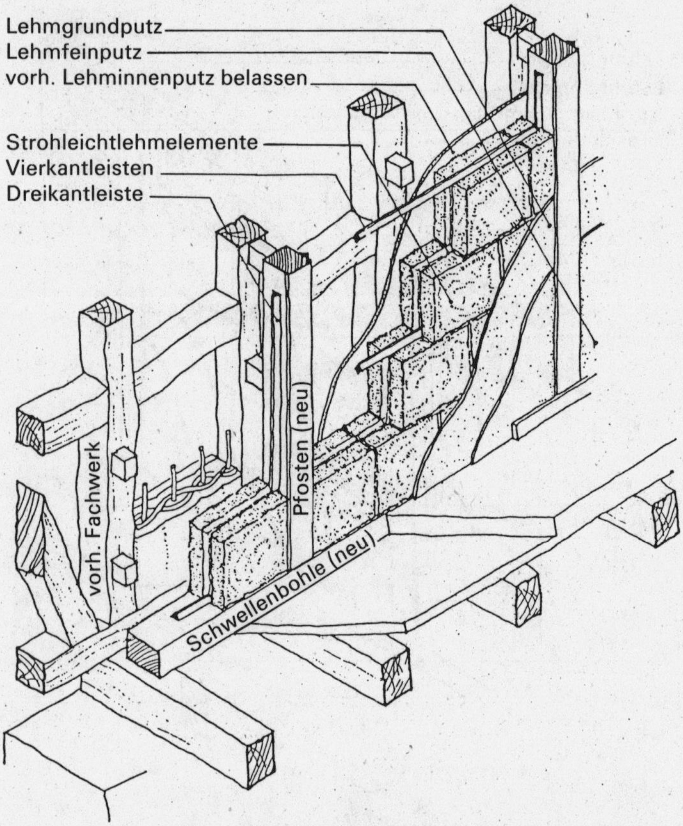

alten Gefachen wird zunächst eine Lehmschlämme vollflächig auf vorhandenes Holzgebälk und alte Ausfachung aufgetragen. Anschliessend wird die Strohlehmziegelwand direkt vorgemauert.

Statisch gesehen sind Strohlehmwände wie nichttragende Innenwände zu behandeln. Das heisst, nach 4 m Wandfläche muss zur Aussteifung ein senkrechter Holzständer eingebaut werden. In der Baupraxis wird immer an den Fenster- und Türleibungen beidseitig als Wandabschluss ein Holzständer eingebaut, an welchem dann mit Dreikantleisten die Strohlehmwand anschliesst. Hierbei müssen nicht unbedingt sehr starke Holzpfosten verwendet werden, in der Regel ist eine hochkant gestellte Bohle mit einer Stärke von 50 bis 60 mm vollkommen ausreichend. Alternativ hierzu können Doppellatten (Kanthölzer 60 × 40 mm) eingebaut werden.

Verputze auf Wände aus Strohleichtlehmziegeln

Auf der Lehmwandoberfläche innenseitig kann sowohl ein zweilagiger Lehmputz als auch ein Kalkputz aufgebracht werden. Bei Verwendung von Lehmputzoberflächen kann der Lehmgrundputz in einem Arbeitsgang mit dem Aufmauern der Wand aufgebracht werden. Die zweite Schicht, der Lehmfeinputz, wird nach vollständiger Trocknung des Grundputzes aufgetragen. Wichtige Regel hierbei: Je dünner die Lehmputzlagen sind, je härter und belastbarer sind die Wandoberflächen (je Putzlage etwa 5 bis 7 mm).

Bei Anwendung von Kalkputz auf Strohlehmwände muss die Oberfläche zuvor stark aufgerauht werden, damit das vorhandene Stroh oder Strohhäcksel als Putzträger heraussteht. Des weiteren werden die Stossfugen und Lagerfugen im Mauerwerk ausgekratzt. Als Kalkputzmaterial können sowohl handelsübliche Fertigprodukte als auch Trasskalkputze verwendet werden. Wichtig ist hierbei, dass der jeweilige Zementgehalt geringer als 3 bis 4% ist. Von der Verwendung von Gipsputzen raten wir ab, da die hygroskopischen Eigenschaften von Lehmwänden dadurch stark beeinträchtigt werden. Die weitere Oberflächenbehandlung der Lehm- oder Kalkputzflächen muss mit vollhygroskopischen Farben ausgeführt werden (z. B. Silikatfarben, Kalk-Kaseinfarben, Naturharz-Dispersionsfarben, Alkali-Kaseinfarben). Aufgrund vielfältiger Erfahren können wir die Produkte Kreidezeit-Kaseinfarben sowie Kreidezeit-Silikatfarben empfehlen. Hierbei ist zu beachten, dass vor dem Erstanstrich eine Grundierung mit Alaunsalz durchgeführt wird, weil Lehm- oder Kalkputze sehr stark Wasser ansaugen.

Fachwerkrestaurierung mit Strohleichtlehmelementen, kombiniert mit Mineralleichtlehm (LSM®)

Anwendungsbereich: Komplett entkernte Fachwerkwände, die ein kompliziertes Zierfachwerk mit vielen kleinen Gefachen aufweisen, oder aussen sichtbares Fachwerk im Bereich der Wetterseite (z. B. Fachwerkgiebel mit kleinem Dachüberstand auf Wetterseite).

Ausschreibungstext/Arbeitsanleitung

- Pos. 1: Verlegen von Massivholzschwelle innen vor historische Fachwerkschwelle (etwa 180 mm breit, etwa 120 mm hoch).
- Pos. 2: Einbau von Halteleisten: in die historischen Aussengefache seitlich und am Fachwerkboden angenagelte Dreikantleisten, Schenkellänge d = 30 mm (die Halteleisten müssen von Vorderkante historisches Fachwerk mindestens 80 mm zurückspringen).
- Pos. 3: Montieren von senkrechten Holzständern auf neue Massivholzschelle der Pos. 1 (bei sichtbaren Ständern 120/100 mm, bei überputzten Ständerhölzern Bohle 120/50 mm) zur Aussteifung laut DIN nichttragender Innenwände, d. h. mindestens alle 4 m, Montage in der Regel jeweils an Fenster- und Türleibungen.
- Pos. 4: Einbau von Dreikantleisten seitlich an den neuen Holzständern sowie an Fussschwelle (Schenkellänge D = 30 mm).
- Pos. 5: Grundierung sämtlicher sichtbarer Holzteile innen und aussen zweimal mit Grundieröl auf Leinölfirnisbasis (damit später einfacher gereinigt werden kann).
- Pos. 6: Einschlämmen aller mit Lehm in Kontakt kommender Holzteile mit Lehm d = 2 bis 3 mm (das sind: alle Schwellhölzer, Ständerhölzer, Dreikant- und Halteleisten).
- Pos. 7: Vollflächiges Einschalen der äusseren historischen Fachwerkwand (mit angenagelten Schalbrettern d = 24 mm).
- Pos. 8: Vormauerung innen zwischen neue Holzständer mit Strohleichtlehmelementen

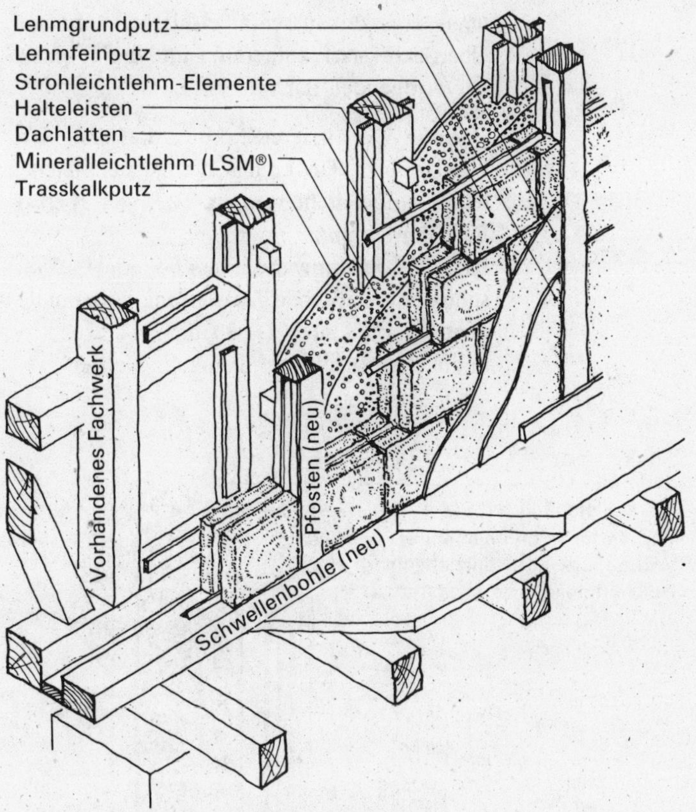

d = 120 oder 160 mm (mit der Aufmauerung kann gleichzeitig in einem Arbeitsgang innen ein Lehmgrundputz aufgezogen werden): Mauermörtel: Lehmmörtel armiert mit organischen Faserstoffen.

- Pos. 9: Gleichzeitiges Verfüllen des Zwischenraumes zwischen äusserer Verschalung und Strohlehmmauer mit Mineralleichtlehm (LSM®): Das Verfahren ist von Prof. Minke aus D-3500 Kassel patentiert. Selbstbauer, Handwerker erhalten gegen Schutzgebühr eine projektbezogene Lizenz bei Fachberatung durch z. B. Ökologie in der Regio, D-7814 Breisach (Adresse siehe Anhang). Mineralleichtlehm wird beim Einbau nur leicht verdichtet.
- Pos. 10: Nach 5 bis 8 Stunden Ausschalen der Bretterschalung aussen und Abkratzen von ca. 20 mm Mineralleichtlehm aussen für den spä-

teren Trasskalkaussenputz (hierbei wird die Oberfläche stark aufgerauht und ergibt einen hervorragenden Putzträger).

Wichtig: Der äussere Kalkputz darf erst nach vollständiger Trocknung des Mineralleichtlehms aufgebracht werden. Dies gilt ebenso für Lehmfeinputze innen.
Ist die Strohlehmwand innen höher als 2,5 m, sollten zur statischen Aussteifung horizontale quadratische Latten d = 30 mm bei 2 bis 2,5 m in die Lagerfuge mit eingemauert werden.

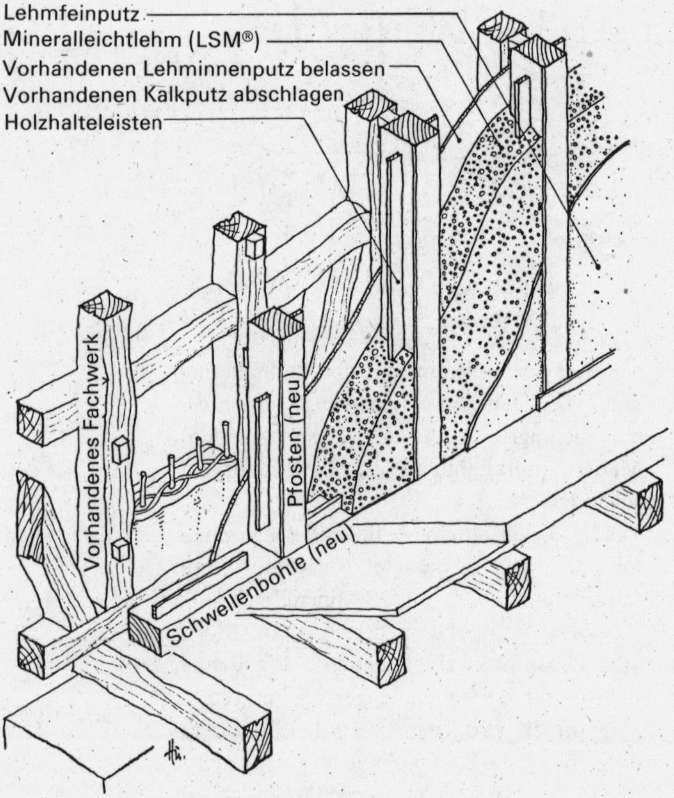

Innenvorsatzschale im Fachwerk mit Mineralleichtlehm

Ausschreibungstext/Arbeitsanleitung

Anwendungsbereiche: Innendämmung von Fachwerkaussenwänden mit vorhandenen Mischausfachungen (Bimssteine, Ziegelsteine, Gasbeton o. ä.)

- Pos. 1: Abschlagen von Kalk- oder Kalkzement- oder Gipsputzen, Entfernen von Tapeten und Anstrichen, Reinigen der Oberfläche.
- Pos. 2: Vollflächiges Einschlämmen der bestehenden Oberfläche mit Lehmschlämme d = 2 bis 3 mm.
- Pos. 3: Erstellen der inneren Ständerkonstruktion, bestehend aus: Schwellenbohle d = 150/100 mm und Holzständern senkrecht im Mindestachsabstand d = 1,25 m (120/80 mm oder senkrechte Bohle 100/50 mm, je nach Wunsch als sichtbares oder überputztes Ständerwerk).
- Pos. 4: Einbau von Holzhalteleisten seitlich und an der Schwelle: Hier müssen die Dreikantleisten, d = 30 mm, von Vorderkante Ständerwerk 70 bis 90 mm zurückspringen.
- Pos. 5: Einschlämmen der mit Lehm in Kontakt kommenden, neuen Holzteile mit Lehm. Bei sichtbarem Innenständerwerk: zweimalige Grundierung der sichtbaren Holzteile mit Leinölgrundieröl.
- Pos. 6: Einschalen und Verfüllen mit Mineralleichtlehm nach Angaben der Mineralleichtlehm-Fachberatung: Mindeststärke d = 120 mm.
- Pos. 7: Nach 5 bis 8 Stunden Ausschalen und Abkratzen von etwa 15 mm Mineralleichtlehm für den späteren Lehm- oder Kalkinnenputz (Abkratzen entfällt bei überputztem Ständerwerk.)

Innenwände mit Massivlehmziegeln

Ausschreibungstext/Arbeitsanleitung

Anwendungsbereiche: Ausmauerung von Gefachen im Innenbereich, für Neubau und Fachwerksanierung, wobei die Lehmwände statisch nicht belastet sein dürfen.

Keine Anwendung im Aussenbereich!

- Pos. 1: Nach Erstellen der Holzkonstruktion (es handelt sich bei d = 11,5 cm starken Massivlehmwänden nach DIN um nichttragende Innenwände, die nach ca. 4 m ausgesteift werden müssen) Montage von Dreikantleisten an Schwelle und Pfosten (Schenkellänge etwa 24 mm).
- Pos. 2: Einschlämmen von Schwellen- und Pfosteninnenseite mit Lehmschlämme.
- Pos. 3: Aufmauern des Mauerwerks mit kleinformatigen Massivlehmziegeln (DF-, NF-, 2-DF-Formaten) der Rohdichte ca. 1,9 t/m³, Druckfestigkeits-Mittelwert ca. 2,5 N/mm². Verwendeter Mauermörtel: Lehmmörtel, z. B. mit Trockenlehmpulver angemischt: 1 Teil Trockenlehmpulver, 2,5 Teile gewaschener Sand, Körnung 0 bis 4 mm.
  – Soll die Lehmwand später mit Kalkmörtel verputzt werden, sollten zum Mauern Kalkmörtel verwendet werden: 1 Raumteil Trasskalk, 4 Teile gewaschener Sand.
  – Lager- und Stossfugen sollen gut ausgekratzt werden.
  – Verwendung von NF- oder DF-formatigen Massivlehmziegeln.
  – Beim Mauern mit Lehmmörtel sollten die Massivlehmziegel kurz in Wasser getaucht werden, damit ein besserer Verbund zwischen Mörtel und Lehmziegel entsteht.

Alternativ-Mauerwerk ohne Mörtelfuge

Hierbei wird die untere Lehmziegellage, wie oben beschrieben, mit Lehmmörtel absolut waagerecht gemauert. Anschliessend wird die Oberfläche der ersten Lage stark angenässt und mit der Wurzelbürste so lange aufgerauht, bis die

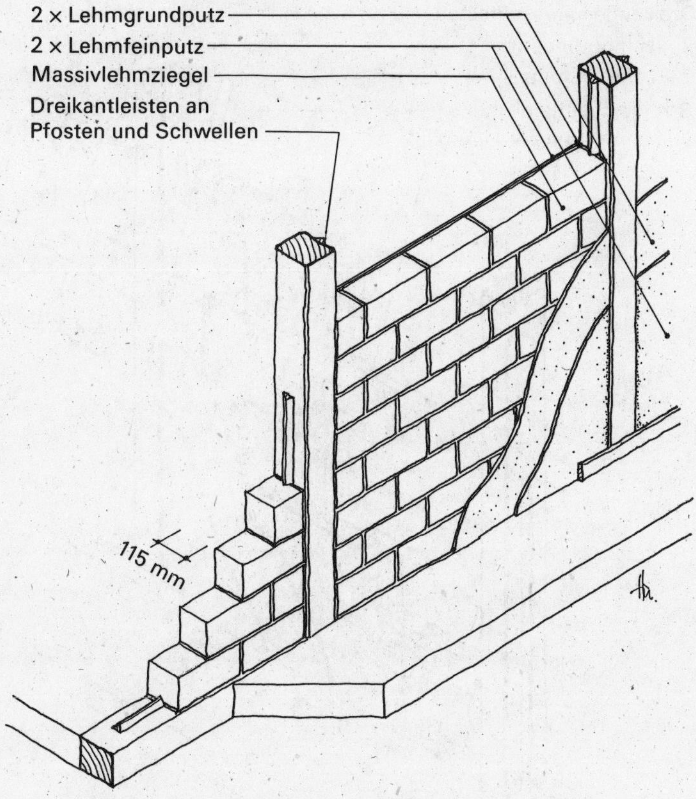

Lehmziegel ihre volle Klebekraft entfalten. Die Lehmziegel der nächsten Mauerwerkslage werden, je nach Ziegelqualität, 1 bis 1,5 Minuten in Wasser eingesumpft und dann nass in nass aufeinandergeschichtet. Hierbei kann die aufgeweichte Ziegeloberfläche mit der Hand oder mit der Wurzelbürste strukturiert werden.

Lehmmauerwerk mit Strohleichtlehmziegeln

Ausschreibungstext/Arbeitsanleitung

- Pos. 1: Erstellen der statisch tragenden Holzkonstruktion (nach den deutschen DIN-Vorschriften muss nach 4 m Mauerwerkslänge eine vertikale Aussteifung erfolgen).
- Pos. 2: Einbau von Dreikantleisten mittig an Schwelle und seitlich an den Pfosten (Schenkellänge 24 bis 30 mm).

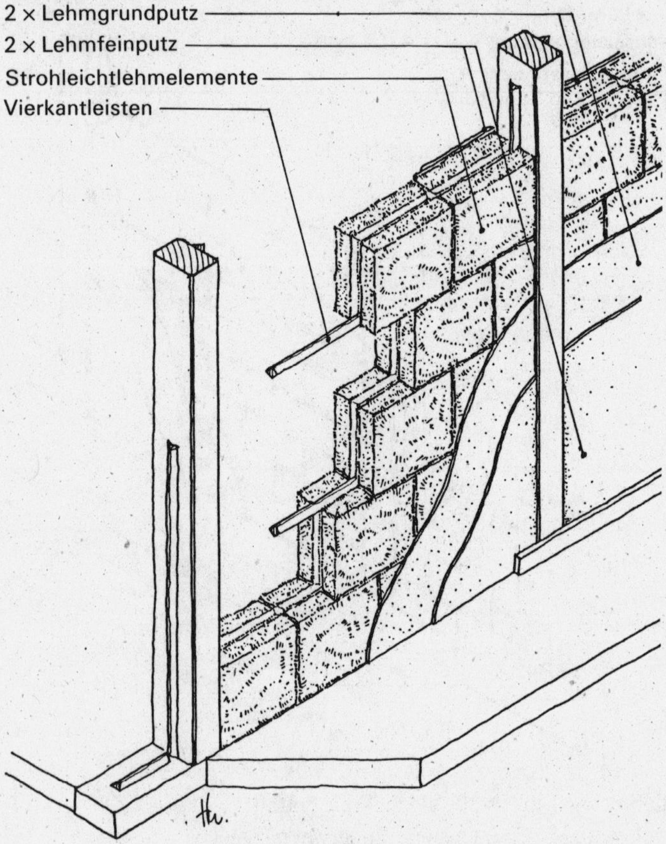

- Pos. 3: Einschlämmen sämtlicher Holzteile, die mit Lehmausfachung in Kontakt kommen, mit Lehmschlämme, bestehend aus 1,5 Teilen Lehmpulver, in 1 Teil Wasser gut aufgerührt (Raumteile).
- Pos. 4: Erstellen des Mauerwerks mit Strohleichtlehmziegeln, Format nach Wunsch (d = 15 oder 11,5 cm), Mauermörtel aus Lehmmörtel nach folgendem Rezept: 1 Teil Lehmpulver, 2,5 Teile gewaschener Sand (0 bis 4 mm Körnung). Zusatz auf Wunsch: etwa ½ Teil Tierhaare wie z. B. gereinigte Schweineborsten. Wasserzugabe je nach Konsistenzwunsch.

Bei Wandhöhen über 2,5 m soll zur statischen Aussteifung in die Lagerfuge ein Vierkantstab (30/30 mm) mit eingemauert werden. Kraftschlüssiger Verbund seitlich an den Dreikantleisten.

Strohleichtlehmziegelmauerwerk ist sowohl für nichttragende Innenwände als auch für Aussenwände geeignet.

Hochschalldämmendes Massivlehmmauerwerk d = 24 cm

Ausschreibungstext/Arbeitsanleitung

- Pos. 1: Verlegen von horizontaler Feuchtigkeitssperre nach DIN (z. B. Dachpappe 333) im Kalk-Zementmörtelbett (Mörtelgruppe II).
- Pos. 2: Vermauern der ersten 1 bis 3 Mauersteine bis Oberkante Rohbodenaufbau mit wahlweise Kalksandvollsteinen oder Vollziegelsteinen mit Kalkzementmörtel der Mörtelgruppe II.
- Pos. 3: Verlegen einer zweiten horizontalen Feuchtigkeitssperre nach DIN (z. B. Dachpappe 333) auf obere Mauerlage wie Pos. 2, verlegt in Kalk-Zementmörtelbett, wie oben beschrieben.
- Pos. 4: Erstellen der Massivlehmwand mit kleinformatigen Massivlehmziegeln (z. B. 2-DF oder NF) mit möglichst geringen Lochanteilen (Rohdichte ca. 1,9 t/m³, Druckfestigkeit ca. 2,5 N/mm²).
  Mauermörtel, bestehend aus Lehmmörtel, angemischt nach folgendem Rezept: 1 Teil Lehmpulver (Raumteile), 2,5 Teile gewaschener Sand (0 bis 4 mm Körnung) Wasserzugabe je nach Konsistenzwunsch. Gemauert wird wechselweise im Läufer- und Binderverband.

Um eine gleichmässige Absenkung der Wand zu gewährleisten, sollte das Mauerwerk pro Tag auf maximal 1,5 m Höhe aufgemauert werden. Gleichmässige Trocknung ist wichtig.

Maximale Mauerwerkslängen und -höhen den jeweiligen DIN-Vorschriften anpassen.

Mittels speziellem statischem Nachweis durch anerkannte Baufachleute besteht die Möglichkeit, 24er Massivlehmwände als Innenwände statisch zu belasten. Hierbei wird auf die alte Lehm-DIN-Vornorm 18954 Bezug genommen.

Brandmauern mit Massivlehmziegeln bei Reihenhäusern

In einigen deutschen Bundesländern werden von den zuständigen Baubehörden Brandmauern aus Massivlehm genehmigt, so z. B. auch bei der Lehmbausiedlung in Köln-Blumenberg. Dort wurde die tragende Holzkonstruktion auf der Innenseite vor die 170 mm starke Brandmauer gestellt; die Mauer wurde mit Massivlehmziegeln und Lehmmörtel gemauert. Anschliessend erfolgte innen ein zweilagiger Lehmputz im Selbstbau.

Hierbei muss man der Baubehörde die jeweiligen Messwerte für Druckfestigkeit und Bruchlast nachweisen sowie schriftlich bestätigen, dass keine organischen Zuschlagstoffe den Lehmziegeln oder dem Lehmputz beigemischt sind.

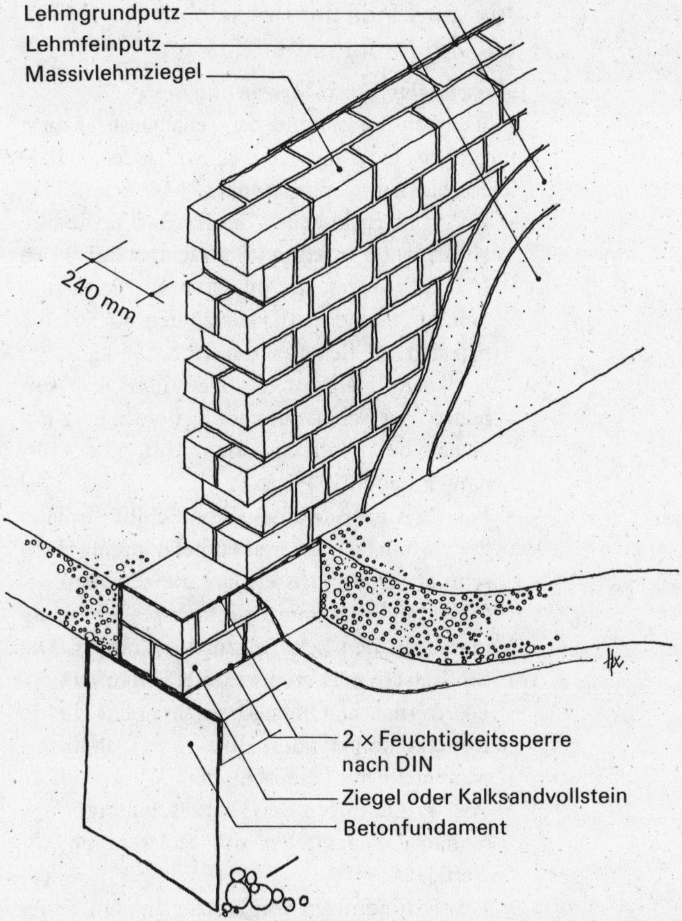

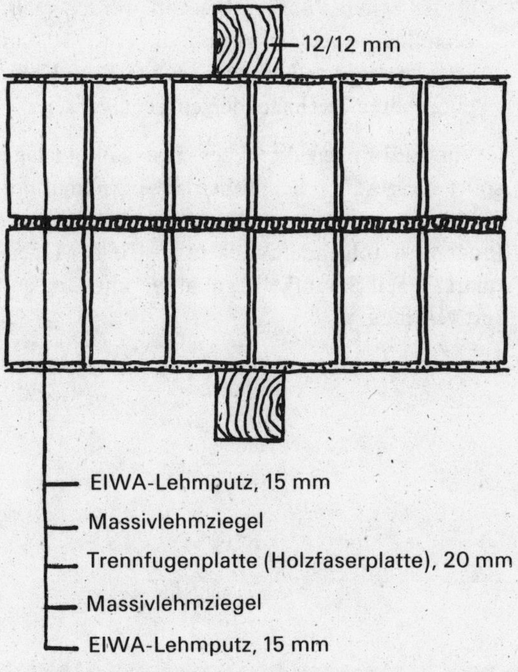

Alternative: Kalksandstein

Es ist vielen Baubehörden wohl noch nicht bekannt, dass Massivlehm nicht brennt (Brandklasse A1) und somit bestens für Brandmauern geeignet ist. Brandversuche haben gezeigt, dass ein normaler, naturfaserarmierter Lehmputz mit 2 cm Dicke nicht brennt, keine Flammenentwicklung stattfindet und somit problemlos die Bedingungen der Brandklasse F30 erfüllt. Mineralleichtlehm gehört ebenfalls in die Brandklasse Nicht brennbar A1.

Aussenwände mit Holzleichtlehm und Schilfrohrmatten aussen

Ausschreibungstext/Arbeitsanleitung

Selbstbau-Aussenwand bei Lehmhausneubauten unter Verwendung des örtlich vorhandenen Baulehms, hier mit sichtbarem Innenständerwerk.

- Pos. 1: Nach Erstellen der inneren sichtbaren Holztragkonstruktion, Ständerabstand 1 bis 1,5 m, Errichten der äusseren Holzkonstruktion, bestehend aus Distanzlatten 30/50 mm, befestigt an den inneren Holzständern und vertikalen Haltelatten 40/60 mm zur Aufnahme der Schilfrohrmatten. Befestigung mit Nägeln oder Holzschrauben. Abstand der vertikalen Latten 50 bis 65 cm.
- Pos. 2: Aussen Montage von Schilfrohrplatte d = 50 mm, an äusseren Haltelatten mit Holzschrauben und grossen Unterlegscheiben befestigt, 40 bis 50 mm Durchmesser. Fixierung immer an den Schilfrohrmattendrähten. Die Schilffasern müssen horizontal verlaufen!
- Pos. 3: Einschlämmen sämtlicher mit Lehm in Kontakt kommender Holz- und Schilfrohrmattenteile mit Lehmschlämme.
- Pos. 4: Anbringen der Kletterschalung innen (einfache Schalbretter mit Holzschraube fixiert).
- Pos. 5: Einbringen von Holzleichtlehm, angemischt mit Zwangsmischer nach folgendem Rezept (Rohdichte ca. 600 kg/m^3): 1,5 Teile Baustellenlehm mit Tongehalt über 8% (Raumteile), 3 Teile rindenfreie Holzhackschnitzel aus Weichholz, 1 Teil Sägemehl aus Weichholz.

Vorgehen beim Mischprozess

Lehm einfüllen.

Wasser dazu (nicht zuviel, damit die Holzleichtlehmmasse erdfeucht bleibt)

Etwa 1,5 Minuten rühren lassen, bis Lehmschlämme entsteht.

Später Holzhackschnitzel und Sägemehl dazugeben und maximal 1,5 Minuten rühren lassen, bis erdfeuchte Konsistenz vorliegt.

Sofort auskippen und in die Wand einbauen.

Lagenweise maximal 8 bis 10 cm gleichmässig mit Holzstampfer einfüllen, verteilen und verdichten. Aufgepasst, bei zu starker Verdichtung wird die Rohdichte höher und deshalb die Wärmedämmung schlechter!

Wird richtig gestampft, kann die Schalung sofort entfernt und nach oben versetzt werden.

- Pos. 6: Nach vollständiger Trocknung des Holzleichtlehms Montage einer zweiten äusseren Schilfrohrmatte, z. B. d = 20 mm (als Putzträger und zur Verbesserung der Wärmedämmung), Schilffaserverlauf horizontal, Befestigung mit Holzschrauben und Unterlegscheiben (verzinkt) in die vertikalen Holzhaltelatten. Bei höheren Wandteilen (höher als 4 m) muss die Vertikallast von einem «Schilfmattenschwellholz», welches horizontal fixiert wird, abgefangen werden.
- Pos. 7: Aufbringen eines zweilagigen Trasskalkaussenputzes, wobei die Schilfrohrmattenstösse mit wetterfestem Putzträgergewebe in der ersten Putzlage bewehrt werden (z. B. verzinkter Streckmetallstreifen, etwa 30 cm breit, in die erste Lage eingeputzt). Dem Kalkputz sollten Tierhaare beigemischt werden.

Vor Aufbringen der ersten Trasskalkputzlage sollte die gesamte Schilfoberfläche zweimal mit Kalkkaseinleim eingeschlämmt werden. Herstellung nach folgendem Rezept: 3 Teile Magerquark, 1 Teil Sumpfkalk, gut aufgerührt und sofort verarbeitet.

Hochwärmedämmende Lehmaussenwand mit Massivlehmziegeln und Mineralleichtlehm LSM®

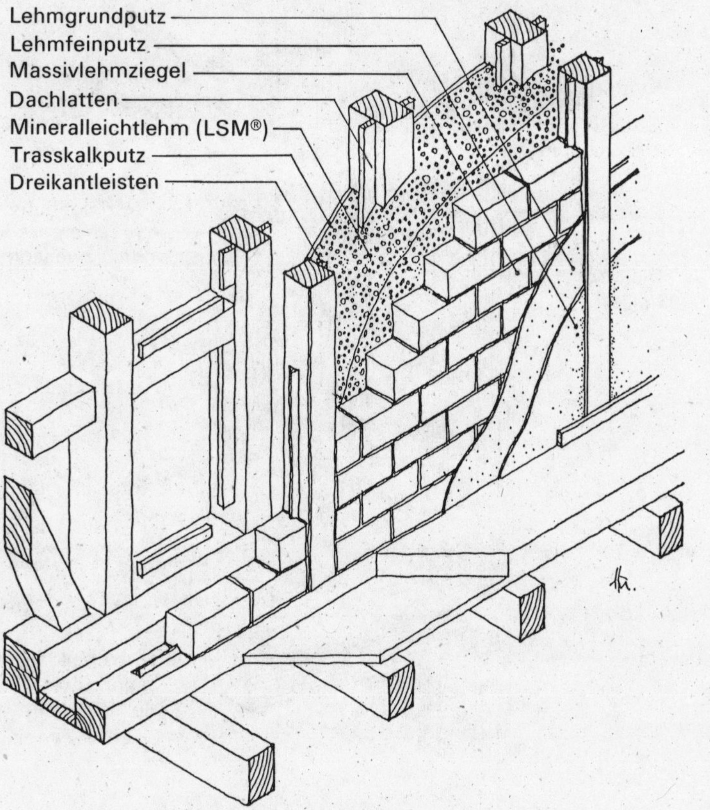

Ausschreibungstext/Arbeitsanleitung

Anwendungsbreiche: Bei Lehmhausneubau oder Fachwerksanierung als Aussenwand in Wohngebieten mit hoher Lärmbelästigung, bei Lehmhausneubauten, wo die Ausführungszeit eventuell in die Kaltwetterperiode gerät, bei Aussenwänden, die eine hohe Wärmespeicherfähigkeit, z. B. aufgrund des Heizsystems oder grosser Glasflächen im Süden benötigen, bei Lehmbauprojekten, die sofort bewohnt werden und bei denen daher die Aussenwände trocken sein sollen, zumindest auf der inneren Seite.

- Pos. 1: Nach Erstellen der tragenden und nichttragenden Holzkonstruktion Anbringen von Dreikantleisten und Haltelatten (z. B. Dachlatten) (siehe Detailskizze). Wichtig ist, dass die später von Mineralleichtlehm umgebenen äusseren Latten mindestens 80 mm von Vorderkante des äusseren Holzgebälks zurückspringen.
- Pos. 2: Ein- bis zweimaliges Einschlämmen sämtlicher mit Lehm in Kontakt kommender Holzteile mit Lehmschlämme.
- Pos. 3: Anbringen der äusseren Holzverschalung (Kletterschalung), fixiert z. B. mit langen Holzschrauben an den Haltedachlatten. Die Schalung kann, je nach Einstellung des Mineralleichtlehms, nach etwa 1 Tag «klettern».
- Pos. 4: Ausmauern der inneren Holzkonstruktion mit Massivlehmziegeln, z. B. 2-DF-Format. Mauermörtel: Lehmmörtel (siehe Seite 109).
  Gleichzeitig mit dem Aufmauern Verfüllen der äusseren Holzkonstruktion mit Mineralleichtlehmmischung, welche auf der Baustelle durch Fachberater mit Lizenz vom Patentinhaber Prof. Dr. Ing. Gernot Minke festgelegt werden muss. Die Rohdichte kann je nach Wunsch zwischen 550 bis 950 kg/m³ betragen. Die Mischung kann so eingestellt werden, dass die äussere Schalung schon nach etwa 5 Stunden entfernt werden kann.
- Pos. 5: Entfernen der äusseren Mineralleichtlehmschalung und sofortiges Abkratzen von 20 mm Mineralleichtlehm für späteren Kalkaussenputz (hierbei wird die Oberfläche automatisch aufgerauht und ein guter Putzuntergrund geschaffen).

(Zu den Aussen- und Innenputzen siehe Seite 109 und folgende).

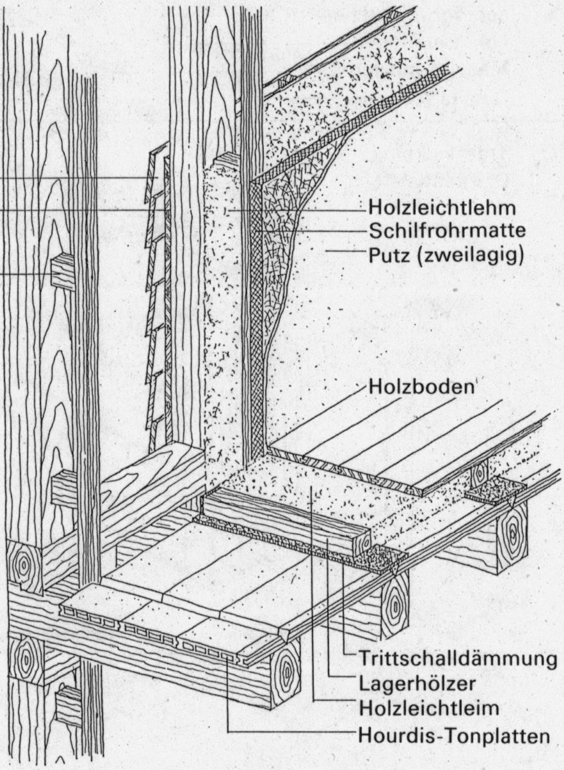

Aussenwand mit Holzleichtlehm

Ausschreibungstext/Arbeitsanleitung

- Pos. 1: Nach Erstellung der tragenden Holzkonstruktion Montage der innerseitigen, nichttragenden Haltekonstruktionen, bestehend aus Distanzhölzern und vertikalen Haltelatten 40/60. Montage der Haltelatten im horizontalen Abstand von 0,80 bis 1,25 m.
- Pos. 2: Einschlämmen sämtlicher Holzteile, die mit Lehm in Kontakt kommen, mit Lehmschlämme. Einschalen der Lehmwand mit einfachen Schalbrettern aussen und innen als Kletterschalung (die Schalung kann sofort nach dem Einstampfen gewechselt werden).
- Pos. 3: Einbau von Holzleichtlehm, nach folgendem Rezept im Zwangsmischer angemischt (am Beispiel von Baustellenlehm mit ca. 8 bis 10% Tongehalt): 1,5 Teile aufbereiteter Baulehm (Raumteile), 3 Teile grobe, rindenfreie Holzhackschnitzel aus Weichholz, 1 Teil Sägemehl aus Weichholz. (Diese Mischung ergibt ein Raumgewicht von etwa 600 kg/m³.) Einbau in erdfeuchter Konsistenz, Stampfen mit einfachem Holzstampfer. Dicke der Holzleichtlehmfüllung je nach Wetterverhältnissen/Jahreszeit: im Sommer bis 40 cm, im Frühjahr/Herbst bis 30 cm.
- Pos. 4: Nach vollständiger Verbindung der Holzleichtlehmwand wird innen Lehmunterputz d = 10 bis 15 mm aufgetragen und in den nassen Lehmputz eine Schilfrohrmatte (d = 20 oder 50 mm) eingedrückt. Zusätzliche Befestigung der Schilfrohrmatte mit Holzschrauben und grossen Unterlegscheiben (Ø 40 bis 50 mm) an den Holzhaltelatten. Befestigung nur an den Schilfrohrmattendrähten. Die Schilfrohrfasern müssen horizontal zur Lehmwand montiert sein.
- Pos. 5: Aufbringen von zweilagigem Lehmputz, wobei die Schilfrohrmattenstösse mit 30 cm breiten Jutematten, in Lehmgrundputz eingedrückt, armiert werden. Vor Beginn der Putzarbeiten müssen die Schilfrohrmatten vollflächig mit Lehmschlämme eingestrichen werden. Putzaufbau siehe Seite 109.

Neuausfachungen mit historischer Lehmgeflecht-Bewurftechnik

Ausschreibungstext/Arbeitsanleitung

- Pos. 1: Überprüfung der vorhandenen Nuten (für Einbau von Staken), notfalls Neueinbau von Nuten.
- Pos. 2: Einbau von Eichenstakhölzer in die Nuten. Ausrichtung nach historisch vorhandener Technik.
- Pos. 3: Einbau von Weiden- oder Haselrutengeflecht, wobei in horizontaler Richtung geflochten wird. Weidenabstand nach historischen Vorgaben an anderen Gefachen (etwa 1,5 cm).
- Pos. 4: Einschlämmen sämtlicher Holz- und Geflechtteile, welche mit Lehmausfachungen

in Berührung kommen, mit Lehmschlämme, bestehend aus Trockenlehmpulver, aufgerührt mit Wasser zu kartoffelbreiähnlicher Konsistenz.

- Pos. 5: Aufbringen von Strohhäcksel-Lehmgrundputz in Bewurftechnik, wobei gleichzeitig von beiden Seiten nach folgender Mischung beworfen wird: 1 Teil Trockenlehmpulver, 2 Teile Sand (Maurersand), 2 Teile Strohhäcksel (3 bis 5 cm), 1 Teil Schweineborsten.
  Maximale Putzauftragsstärke d = 35 mm. Anschliessend wird die Oberfläche mit der Hand zur Aufnahme der nächsten Lehmputzschicht stark aufgerauht (Eindrücken von Löchern).
- Pos. 6: Nach vollständiger Trocknung des Erstbewurfs wird der Zweitbewurf in folgender Mischung aufgebracht: 1 Teil Trockenlehmpulver, 1,5 Teile Quarzsand, 1 Teil Schweineborsten, 2 Teile Strohhäcksel.
  Zur Aufnahme eines späteren Kalkputzes muss die Oberfläche mechanisch stark aufgerauht werden (Eindrücken von Löchern mit den Fingern, Tiefe d = 2,5 bis 3 cm).
  In Bereichen, wo später ein Lehmaussenputz aufgebracht wird, muss die Oberfläche nur leicht angerauht werden (mit dem Holzkamm nach historischem Vorbild).

Reparatur von Ausfachungen in historischer Lehmgeflecht-Bewurftechnik

Ausschreibungstext/Arbeitsanleitung

- Pos. 1: Überprüfung der statischen Verankerung historischer Geflecht-Lehmausfachungen, gegebenenfalls Neueinbau oder nachträglicher Einbau von neuen Stakungen und Geflechtteilen.
- Pos. 2: Entfernen der losen Lehmteile, Reinigen von Staub und Schmutz.
- Pos. 3: Annässen der zu reparierenden Lehmflächen mit gleichzeitigem Aufbürsten mit Wurzelbürste, bis die Klebekraft des Lehms zutage tritt.
- Pos. 4: Einschlämmen der auszubessernden Lehmfläche mit Lehmschlämme, bestehend aus Trockenlehmpulver, in Wasser zu kartoffelbreiähnlicher Konsistenz angerührt. Sämtliche Holzteile werden ebenfalls eingeschlämmt.
- Pos. 5: Aufbringen von Strohhäcksel-Lehmputz in Bewurftechnik, notfalls in mehreren Lagen, maximale Auftragsstärke in einer Lage d = 35 mm. Putzmischung bestehend aus: 1 Teil Trockenlehmpulver, 2 Teile Quarzsand, 1,5 Teile Strohhäcksel (3 bis 5 cm lang), 1 Teil Schweineborsten.
  Nach dem Aufwerfen wird die Strohhäcksel-Lehm-Mischung mit dem Reibebrett verdichtet und anschliessend mit der Hand aufgerauht zur Verbesserung der Putzträgereigenschaften (Eindrücken von Löchern, insbesondere für Kalkputzvorbereitung).

Wichtig: Die nachfolgenden Lehmputzschichten dürften nur auf vollständig getrocknete Untergründe aufgebracht werden.

Wichtige Massnahme gegen Holzverschmutzung: Bevor die Lehmbauarbeiten beginnen, sollten sämtliche sichtbaren Fachwerkteile, welche nicht mit Lehm in Berührung kommen, einmal mit Grundieröl vorbehandelt werden. Später lassen sich Lehmverschmutzungen nur mit grossem Kraftaufwand vom Holz entfernen.

Trapezleisten-Strohlehmdecke – eine Alternative zur historischen Lehmwickeldecke

Trapezleisten-Strohlehmdecken, auch Spalierdecken genannt, können sowohl im Altbaubereich wie beim Neubau in Holzbalkendecken eingebaut werden. Dabei können die Trapezleisten beim Altbau zwischen die Balken in vorhandene Nuten eingebracht werden. Bei neuen Deckenkonstruktionen ist es sehr einfach, den Deckenaufbau über das Holzgebälk zu legen und direkt auf die Holzbalken Trapezleisten aufzuna-

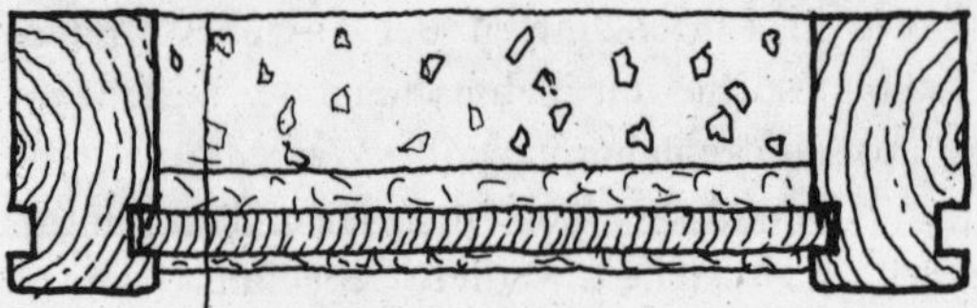

geln. Bei der Reparatur historischer Wickeldekken können an Stelle der Wickel Lehmdeckenteile mit Trapezleisten verwendet werden. Bei guter Baustellenorganisation ist der Deckenaufbau eine äusserst rationelle Deckenalternative, wobei die langen Trocknungszeiten bei Nasslehm beachtet werden müssen. Die Konstruktion ist für Selbstbauerinnen und Selbstbauer sehr gut geeignet. Bei der im folgenden beschriebenen Konstruktion werden die Trapezleisten zwischen Deckengebälk in vorhandene Nuten eingebaut.

Ausschreibungstext/Arbeitsanleitung

- Pos. 1: Herstellen und Einbauen von Trapezleisten in bauseits vorhandene Nuten zwischen Deckengebälk, Befestigung an den Nutenauflagern mit jeweils 1 Nagel.
  Trapezleisten: Hartholz- oder Weichholzlatten der Stärke d = 30 bis 35 mm, abgeschrägt im Winkel von ca. 20°, so dass die Lattenunterseite ca. 40 mm breit ist, während die Oberseite ca. 20 mm misst. Einbau der Trapezleisten im Abstand von 1,5 bis 2 cm.
- Pos. 2: Intensives Einschlämmen der Trapezleisten an Unter- und Oberseite mit dicker Lehmschlämme, hergestellt nach folgendem Rezept: 1,5 Teile Trockenlehmpulver, 1 Teil Wasser, Lehmschlämme am Holz trocknen lassen.
- Pos. 3: Aufbringen von Strohlehmmischungen in plastischer, erdfeuchter Konsistenz, Durchdrücken der Strohlehmmischung durch die Trapezleisten-Zwischenräume (mit Füssen oder Händen) und gleichzeitiges Andrücken (Verstreichen) an der Deckenunterseite mit Reibebrett. Zwecks guter Trocknung sollte die Strohlehmfüllung auf den Trapezleisten maximal 30 bis 40 mm betragen.
  Rezept für Strohlehmmischung: 1 Teil Trokkenlehmpulver (Raumteile), 1 Teil gewaschener Sand (Körnung 0 bis 2 mm), 3 bis 4 Teile Strohhäcksel (4 bis 8 cm lang).
- Pos. 4: Zur Vergrösserung der Oberfläche für schnellere Trocknung: Aufrauhen der Lehmdeckenuntersicht mit Holzkamm, Aufrauhen der oberen Strohlehmlage mit Holzkamm oder Heugabel.
- Pos. 5: Nach Trocknung der vorgenannten Strohlehmfüllung Ausstreuen von Weisskalkhydrat auf Strohlehmlage.
- Pos. 6: Verfüllen mit Holzleichtlehm oder Massivlehm bis Oberkante Deckenbalken, je nach statischen Möglichkeiten. Rezept für Holzleichtlehm: 3 bis 4 Teile Holzhackschnitzel (Weichholz, rindenfrei), 1 Teil Lehmpulver.

Putze und Anstriche

Lehmputz zweilagig mit Trockenlehmpulver auf Massivlehminnenwände

Ausschreibungstext/Arbeitsanleitung

- Pos. 1: Reinigen der Oberfläche von losen Teilen.
- Pos. 2: Sämtliche sichtbaren Holzfachwerkteile zweimal mit Grundieröl behandeln oder Holzteile sauber abkleben.
- Pos. 3: Einschlämmen der Lehmwand mit Lehmschlämme nach folgendem Rezept: 1,5 Teile (Raumteile) Lehmpulver, 1 Teil Wasser. Mit Quast oder Kalkbürste einschlämmen.
- Pos. 4: Aufbringen von Lehmunterputz (1. Lage) bestehend aus: 1 Teil Lehmpulver, 1 Teil gewaschener Sand (0 bis 2 mm), 3 Teile Strohhäcksel (2 bis 4 cm lang). Wasserzugabe nach Konsistenzwunsch. Grobes Glätten der Putzflächen.
- Pos. 5: Nach vollständiger Trocknung des Lehmunterputzes Annässen der Putzflächen und Aufbringen des Lehmoberputzes (Lehmfeinputzes), angemischt nach folgendem Rezept: 1 Teil Lehmpulver, 3 Teile gewaschener Sand (0 bis 2 mm Körnung), Putzstärke d = 3 bis 5 mm. Mit der Glättkelle auftragen und gut verdichten. Nacharbeiten mit dem Reibebrett jederzeit unter vorherigem Annässen möglich.

Soll die Oberflächenbehandlung später mit Silikatfarbe (oder Wasserglasfarbe) durchgeführt werden, darf als Zuschlagstoff im Lehmoberputz ausschliesslich Quarzsand beigemischt werden (3 Teile).

Lehmputze auf Massivlehmwänden trocknen sehr schnell. In der Regel kann schon nach 2 Tagen der Lehmoberputz aufgebracht werden.

Die Putzteile am Holzanschluss müssen besonders gut verdichtet werden.

Eventuelle Putzrisse können durch Annässen und Bearbeiten mit Schwamm oder Bürste geschlossen werden.

Lehmputz zweilagig auf Schilfrohrmatten

Ausschreibungstext/Arbeitsanleitung

Anwendungsbereiche: Innenputze, auch im Nasszellenbereich auf Schilfrohrmatte, Deckenputze. Als Aussenputze in gut wettergeschützten Fassadenbereichen.

Wichtig: Schilfrohrmatten müssen gut fixiert sein, die Schilfrohrfaser muss in der oberen Lage horizontal verlaufen.

- Pos. 1: Zweimaliges Einschlämmen der gesamten Schilfrohrmattenfläche mit Lehmschlämme, hergestellt nach folgendem Rezept: 1,5 Teile Trockenlehmpulver (Raumteile), in 1 Teil Wasser angerührt.

Gewölbte Lehmdecke mit Schilfrohrmatten

Schilfrohr-Bünde für die Dachdeckung von Reetdächern.

- Pos. 2: Nach Trocknung der Lehmschlämme Aufbringen von Putzträgergewebe an den Schilfrohrmattenstössen (z. B. Streckmetallstreifen der Breite d = 25 cm oder Ziegelrabbitzgewebe, Glasfasergewebe, grobmaschiges Jutegewebe). Dazu wird eine Lehmunterputzmischung aufgebracht und das Putzträgergewebe in den Lehmputz eingedrückt und mechanisch fixiert (z. B. getackert oder mit verzinkten Nägeln befestigt).
- Pos. 3: Aufbringen von Lehmunterputz in der Stärke d = 8 bis 10 mm, hergestellt nach folgendem Rezept: 1 Teil Trockenlehmpulver, 1 Teil gewaschener Sand (Körnung 0 bis 2 mm), 2,5 Teile Strohhäcksel oder Hobelspäne (2 bis 4 cm lang).
  Der Lehmunterputz muss gut verdichtet werden und mit dem Reibebrett in das Schilfrohrgewebe eingearbeitet werden. Anschliessend Aufrauhen mit Strassenbesen (leichtes Aufrauhen für Lehmoberputz).

- Pos. 4: Nach vollständiger Trocknung des Lehmunterputzes kurzes Annässen der Lehmputzfläche und Aufbringen von Lehmoberputz in der Stärke 0,4 bis 0,6 cm, hergestellt nach folgendem Rezept: 1 Teil Trockenlehmpulver, 3 Teile gewaschener Sand der Körnung 0 bis 0,2 mm oder alternativ Quarzsand. Gutes Verdichten mit dem Reibebrett!
  Die Oberfläche kann im feuchten Zustand mit Quast oder Kelle strukturiert werden.

Die Schilfmattenqualität muss so beschaffen sein, dass der Lehmunterputz sich zwischen die horizontalen Schilffasern gut einarbeiten lässt (das Schilf darf nicht zu stark gepresst sein).

Oberflächenbehandlung von Lehmputzen

Ausschreibungstext/Arbeitsanleitung

- Behandlung von Lehmputzen im Innenbereich von Nasszellen (Küchen, Bäder, Duschen)
  a) Überprüfen der Putzfläche auf Gehalt an Quarzsand. Danach richtet sich die Entscheidung, ob Silikat- oder Sumpfkalkanstriche angewendet werden. Bei genügend hohem Quarzsandanteil wird wie folgt gearbeitet:
  b) Reinigen der Fläche, Putz abreiben.
  c) Grundanstrich mit Silikatgrundierung (Egalisieren der Saugfähigkeit des Putzes).
  d) Deckanstrich mit Silikatfarbe, auf Wunsch mit silikatechten Farbpigmenten abgetönt.
  e) Je nach Deckfähigkeit zweiter Deckanstrich mit Silikatfarbe nach den Vorschriften des Herstellers.
- Auf Lehmputzflächen im Innenbereich in nicht nässegefährdeten Räumen
  a) Reinigen der Flächen, Putz abreiben.
  b) Grundanstrich mit Alaun-Grundiersalz. Nach einer Trockenzeit von 24 Stunden abfegen.
  c) Deckanstrich mit Alkali-Kaseinfarbe, auf Wunsch farblich mit Kreidezeit-Naturpigmenten abgetönt. Herstellervorschriften beachten! Gegebenenfalls zweiter Deckanstrich mit Alkali-Kaseinfarbe.

Wichtig: In stark strapazierten Räumen (z. B. Flur, Treppenhaus, Kinderzimmer) ist die Kaseinfarbe mit 2% Leinölfirnis zu emulgieren (nach Herstellerangaben).

Bezugsquelle Kreidezeit-Farben:
Kreidezeit, Gerd Ziesemann, Beyesberg 8,
D-3201 Sehlem, Telefon 05060/6197.

Kalkfarben auf Lehmputzen im Innen- und Aussenbereich

Ausschreibungstext/Arbeitsanleitung

a) Reinigen der Flächen.
b) Grundanstrich mit Kalkmilch (stark mit Wasser verdünnte Kalkfarbe). Dem Kalkbrei kann zuvor bis zu 0,5% Leinölfirnis zugesetzt werden.
c) Erster Zwischenanstrich mit verdünnter Kalkfarbe, abgetönt wie im Schlussanstrich.
d) Zweiter Zwischenanstrich mit verdünnter Kalkfarbe, abgetönt wie im Schlussanstrich.
e) Schlussanstrich mit Kalkfarbe. (Möglicher Zusatz: bis zu 20% Milchsäure-Kasein.)

Rezepturen für Selbstbauer

Kalk-Kaseinleim

Rezept für die Herstellung von Grundierungen und als Farbbindemittel, anzuwenden auf sämtlichen Lehmputzoberflächen sowohl im Innen- als auch im Aussenbereich.

5 Teile Magerquark
1 Teil Sumpfkalk

Kalk und Quark werden ohne Wasserzugabe mit einem Quirl 1 bis 2 Minuten kräftig durchgerührt, bis ein flüssiger Leim entsteht. Der Kalk-Kaseinleim muss spätestens nach einer Stunde bei Verwendung als Farbe mit kalkechten Pigmenten angesetzt sein, sonst geliert er und wird unbrauchbar.

Kalk-Kaseinleimfarbe

als wasserabweisende Oberflächenbehandlung für Feuchträume

Anzuwenden als Oberflächenbehandlung sowohl auf Lehmputz- als auch auf Kalkputzflächen im feuchten Innenraumbereich.

1 Teil Kaseinleim
4 Teile Sumpfkalk oder
kalkechte Farbpigmente
2 bis 5% Speiseöl oder Leinölfinis

Mit dem Rührquirl intensiv mischen; die Farbe kann, wenn nötig, mit wenig Wasser verdünnt werden. Das Öl nimmt der Farbe ihre Sprödigkeit, verdickt aber die Farbe etwas. Zweimal sehr dünn streichen.

Abbeizmittel für Alt- und Fehlanstriche
1 Teil Sumpfkalk
1 Teil Schmierseife (Kali-Seife)

Sumpfkalk und Schmierseife miteinander gut mischen (durchspachteln) und anschliessend mit der Ziehspachtel auf die abzubeizende Wand auftragen. Nach wenigen Minuten die gelösten Ölfarben oder Emulsionsanstriche mit Spachtel abnehmen. Farbreste mit einer weichen Drahtbürste entfernen.

Haftbrücke für Kalkanstrich
Kalk-Kaseinmilch in Frescotechnik
250 g Magerquark
1 Kelle Sumpfkalk (etwa 500 g)
7 bis 8 Liter Wasser

Quark und Kalk mit Rührquirl gut vermischen, dann mit Wasser auffüllen und wieder vermischen.

In den noch feuchten Lehmoberputz wird spätestens am folgenden Tag eine Kalk-Kaseinmilch-Haftbrücke dünn aufgestrichen und mit dem Glättbrett eingerieben. Eventuell noch auftretende Putzrisse werden hierbei geschlossen, vor allem aber wirkt dies als Haftbrücke für den späteren Anstrich.

Anwendungsmöglichkeiten auf Lehmputzflächen sowohl im Aussen- als auch im Innenbereich.

Achtung: Der Kasein(quark)anteil darf nicht erhöht werden, weil der Putz sonst zu lange zum Trocknen brauchen würde.

Holzkalkestrich

Holzkalkestrich ist leichter als Lehm und hilft damit Flächengewichte im Deckenbereich sparen, wird fester als Leichtlehm, trocknet ohne Schwundrisse, unabhängig davon, wie dick er aufgetragen wird. Er eignet sich darum vor allem zum Ausgleichen der Höhen in allen Häusern sowie bei Fussbodenaufbauten im Neubaubereich. Latten als Auflager für spätere Holzdielenböden können schwimmend eingelegt werden.

4 Teile Sägespäne
1 Teil gewaschener Sand
(Korngrösse 0 bis 4 mm)
1 Teil Sumpfkalk oder
1 Teil Trasskalk

Kalk wird zusammen mit Sand mit wenig Wasser im Zwangsmischer angerührt, zum Schluss werden die Sägespäne beigemischt. Die Mischung der fertigen Konsistenz soll maximal erdfeucht sein. Am besten eignen sich Fichtenspäne; keine Hobelspäne, kein Sägemehl oder gerbsäurehaltige Hölzer, wie z. B. Lärche oder Eiche, beimischen.

Die Holzkalkestrichmischung kann jederzeit je nach Wunsch schwerer gemacht werden, indem der Sandanteil erhöht wird. (Erreichbare Rohdichten: von 550 bis 1200 kg/m^3).

(Die Rezepturen sind zum Teil dem Fachbuch «Lehmfachwerk» von Tamara Leszner und Ingolf Stein entnommen. Das empfehlenswerte Buch kann bei Ökologie in der Regio oder beim Autorenteam bezogen werden. Es wird nicht mehr verlegt.)

Sumpfkalkputz im Lehmbau

Unter Sumpfkalk versteht man in Wasser eingesumpften Kalk. Kohlesaurer Kalk, der in der Natur als Kalkstein, Marmor, Kreide oder Kalkspat vorkommt, wird gebrochen, maschinell zerkleinert und in grossen Kalköfen bei Temperaturen von ca. 950 °C gebrannt. Dabei verliert das Kalkgestein das gebundene Wasser, und es entsteht Kalziumoxyd oder ungelöschter sogenannter Branntkalk. Dieser gebrannte Stückkalk wird sofort mit Wasser gelöscht (Löschkalk) oder zu Weissfeinkalk, der in manchen Baumärkten noch erhältlich ist, fein gemahlen. Beim Löschvorgang passiert folgendes: Unter starker Hitzeentwicklung (bis 140 °C) saugt der bis dahin ungelöschte Kalk Wasser auf und wird zunächst zum Kalkhydrat. Gibt man dem gerade gelöschten Kalkhydrat noch mehr Wasser hinzu, so entsteht ein Kalkbrei oder Sumpfkalk. Dieser wird nun in einer Kalkgrube eingesumpft. Dabei sinken nicht voll gelöschte, schwere Steinteile auf den Grund der Kalkgrube. Alle hydraulisch wirkenden Bestandteile binden unter Wasser ab und trennen sich durch Absinken vom Kalkbrei. Bei der Verwendung von Sumpfkalk im Bauwesen gilt folgende Regel: Die obere Hälfte des Grubeninhalts wird nach etwa zweijähriger Einsumpfdauer als Malkalk, die untere Hälfte als Putz- und Mauermörtel verwendet. Eingesumpfter Kalkbrei aus Weissfeinkalk kann – bei richtigem Löschen – schon nach einer Woche als Putz- oder Mauermörtel eingesetzt werden.

Sumpfkalk gehört zu der Gruppe der Luftkalke, d. h. das Erhärten findet ausschliesslich an der Luft statt.

Im Lehmbau hat sich der Sumpfkalkputz jahrhundertelang bestens bewährt, zumal Sumpfkalk annähernd gleich gute bauphysikalische Eigenschaften wie Lehm besitzt (hohe Dampfdiffusion, Wärmeleitung, Hygroskopizität). Sumpfkalkputz zeigt im Vergleich zu Trasskalkputz eine um vieles höhere Elastizität. Sowohl im Lehmziegelbau als auch im Leichtlehmbau sind

Sumpfkalkgrube

Sumpfkalkputze gut geeignet, ebenso für Innenanstriche z. B. auf Lehmziegelwänden (hier müssen jedoch mindestens 3 bis 4 Lagen aufgebracht werden). Eine Sumpfkalk-Malschicht ist sowohl im Innen- als auch Aussenbereich ein hervorragender Fassadenanstrich auf saugenden Putzuntergründen. Gerade in Räumen mit erhöhtem Wasserdampfanfall (Küche, Bad) ist Sumpfkalk sehr gut als Anstrich geeignet, da er eine hohe Dampfdiffusionsfähigkeit hat.

Die Haftung von Kalkputzen auf Lehm kann nur mechanisch hergestellt werden. Folgende Regeln sind zu beachten:

- Erst nach völligem Absetzen der Lehmwände darf verputzt werden. Niemeyer* gibt als Massstab für den Trocknungszustand an, dass im Kerninneren maximal 5/100 Gewichtsanteile Wasser vorhanden sein dürfen. Das beste wäre, Lehmwände ein Jahr stehen zu lassen; dies gilt speziell für Schwerlehmwände und grosse Flächen von Leichtlehmwänden in Nasstechnik.
- Bei Frostgefahr bzw. bei starker Sonneneinstrahlung sollten keine Sumpfkalk-Putzarbeiten durchgeführt werden. Im Sommer kann

* Literatur: Richard Niemeyer, Der Lehmbau, (Reprint), Grebenstein: Ökobuch-Verlag Staufen 1982

man sich mit täglichem Besprühen oder mit vorgehängten nassen Tüchern behelfen, Dauer des Schutzes etwa 5 Wochen.

- Lehmsteinwände sollten mit Kalkmörtel gemauert sein oder zumindest die Fugen wegen der besseren Putzhaftung etwa 2 cm tief ausgekratzt sein. Bei grossen Wandflächen ist es zu empfehlen, zur Verbesserung des Putzuntergrundes z. B. Ziegelscherben einzudrücken oder andere Unebenheiten in die Wand einzuarbeiten. Bei Leichtlehmwänden hat sich Stroh als Kalkputz-Haftgrund gut bewährt.
- Bei Sumpfkalkputzen im Innenraum muss eine ausreichende Luftzufuhr gewährleistet sein. Zur Verbesserung der CO_2-Versorgung können Koksöfen aufgestellt werden. Elektroöfen helfen nicht! Fenster und Türen öffnen!
- Als Mörtelzuschlag für Sumpfkalkputze dürfen keine lehmhaltigen Sande verwendet werden. Die besten Zuschlagstoffe sind Brechsand und gewaschener Flusssand. Die Körnung muss zur Wand hin gröber werden. Der Sumpfkalkputz sollte in mindestens zwei Putzlagen ausgeführt werden, an der Wetterseite besser in drei Lagen, hier sollte ausserdem dem Anmachwasser Kasein (z. B. Magerquark) beigemischt werden. Auch ist es zu empfehlen, dem Schlussanstrich ca. 5% Leinölfirnis zuzugeben, damit eine Ausgangsfestigkeit gewährleistet ist. Die Putzstärke sollte mindestens 2 cm, an der Hauptwetterseite mehr als 2,5 cm betragen; in der Oberlage können dem Putz kalkechte Erdfarbpigmente beigemischt werden.

Das Verputzen einer Wand geschieht folgendermassen:

1. Der Untergrund wird von losen Staubpartikeln gereinigt (am besten mit einem stumpfen Besen).
2. Die Lehmwand wird mit Kalkmilch angenässt, die mit einer Wurzelbürste in die Wandoberfläche hineingerieben wird. Da die ange-

Künstlerisch gestaltete Lehmwände mit einem Kalkkaseinanstrich.

nässte Kalkmilch-Lehmfläche schnell trocknet, sollten keine grossen Flächen vorgearbeitet werden.

3. Als erste Schicht wird ein sogenannter Rauhbewurf aufgetragen. Dieser wird mit der Kelle kraftvoll angeworfen (Kellenwurftechnik). Versuche mit handelsüblichen Putzmaschinen verliefen bei uns bis heute negativ. Die Mischung für den Rauhbewurf sollte folgendermassen zusammengesetzt sein: 1 Teil Sumpfkalk, 2,5 Teile Brechsand (3 bis 8 mm), 0,5 Teile Flusssand (0 bis 3 mm). Die Sande müssen frei von Lehmanteilen sein.
4. Als zweite Schicht wird ein Oberputz in Form eines glatten Kellenputzes aufgetragen. Dabei wird der Putz von unten nach oben ganz leicht abgerieben. Es darf nicht gekratzt oder mit dem Reibebrett gearbeitet werden, sonst leider die Dichtigkeit und damit die Wetterbeständigkeit der oberen Putzschicht.
   Nach unseren Erfahrungen hat sich das Sieben des Sumpfkalks für den Oberputz bestens bewährt. Der Kalkbrei wird dabei durch ein Sieb gedrückt (Maschenweite 0,5 mm).
   Mischungsrezept für den Oberputz: 1 Teil gesiebter Sumpfkalk, 2,5 bis 3 Teile gewaschener Flusssand (0 bis 3 mm).
   Wichtig: Beim Auftragen des Oberputzes darf der Unterputz (Rauhbewurf) nicht karbonisiert sein. Es muss also immer nass in nass gearbeitet werden.
   Im Fachwerkbau muss der Putz bündig an das Holz geführt werden, damit das Regenwasser direkt ablaufen kann.
5. Als Schlussanstrich wird eine Sumpfkalk-Malschicht aufgebracht, die pro 10 l Malkalk (gesiebt) 0,5 l Leinölfirnis und 2500 g Magerquark enthalten sollte. Der Malfarbe können kalkechte Pigmente beigemischt werden, wobei der Pigmentanteil 15% nicht übersteigen sollte. Auch hier muss nass in nass gearbeitet werden.

Trasskalkfertigputz aussen auf historische Lehmgefache

Ausschreibungstext/Arbeitsanleitung

- Pos. 1: Entfernen der losen Lehmteile, Reinigen von Staub und Schmutz.
- Pos. 2: Aufrauhen der Lehmoberfläche z. B. mit Nagelbrett, damit das enthaltene Strohhäcksel als Putzträger heraussteht.
- Pos. 3: Zweimalige Grundierung mit Kalkkasein, Ausführung nass in nass, Herstellung nach folgendem Rezept: 3 Teile Magerquark, 1 Teil Sumpfkalk, mit Rührquirl 1 bis 2 Minuten umgerührt. Verarbeitung innerhalb 1 Stunde!
- Pos. 4: In die noch nasse Kalkkaseingrundierung Anwerfen von Trasskalkputz als Unterputz, d = 10 bis 12 mm, Verdichten mit Reibebrett, anschliessend Aufrauhen mit Strassenbesen. Putz 2 bis 3 Wochen stehen lassen. Putzmaterial: Trasskalkfertigputz (z. B. BP 110 der Firma Koch-Marmorit GmbH, D-7801 Bollschweil oder ähnliches).
- Pos. 5: Nach 2 bis 3 Wochen Standzeit des Unterputzes Annässen der Putzflächen, Auftragen des Trasskalkoberputzes, d = 8 bis 10 mm, und gutes Verdichten mit Reibebrett. Der Oberputz soll mit dem Holzfachwerk bündig abschliessen, Holzwerk darf nicht überputzt werden.

Falls die Oberflächenbehandlung mit Kalkkaseinanstrich vorgesehen ist, sollten die Anstriche nass in nass (Frescotechnik) in die noch feuchte Oberputzlage eingearbeitet werden. Bei trockenem, heissem Wetter Putzflächen ständig annässen oder mit Tüchern vor zu starker Hitzeeinwirkung schützen.

Trasskalkfertigputz aussen auf Strohlehmziegelausfachungen

Ausschreibungstext/Arbeitsanleitung

- Pos. 1: Aufrauhen der Oberfläche mit Nagelbrett, so dass das Stroh als Putzträger hervor-

Historisches Fachwerk mit Lehmgefachen, verputzt mit Trasskalkputz aussen.

tritt. Auskratzen der Lager- und Stossfugen auf 1 bis 1,5 cm Tiefe.

- Pos. 2: Zweimalige Grundierung mit Kalkkasein, nass in nass, hergestellt nach folgendem Rezept: 3 Teile Magerquark, 1 Teil Sumpfkalk.
- Pos. 3: In die nasse Kalkkaseingrundierung Aufbringen von Trasskalkputz als Unterputz, d = 10 bis 12 mm, Verdichten mit Reibebrett, anschliessend Aufrauhen mit Strassenbesen. Putz 2 bis 3 Wochen stehen lassen. Putzmaterial: Trasskalkfertigputz, z. B. BP 110 der Firma Koch-Marmorit GmbH, D-7801 Bollschweil, oder ähnliches.
- Pos. 4: Nach 2 bis 3 Wochen Standzeit des Unterputzes Annässen der Putzflächen, Auftragen des Trasskalkoberputzes, d = 8 bis 10 mm, und gutes Verdichten mit Reibebrett. Der Oberputz soll mit dem Holzfachwerk bündig abschliessen, Holzwerk darf nicht überputzt werden.

Falls die Oberflächenbehandlung mit Kalkkaseinanstrich vorgesehen ist, sollten die Anstriche nass in nass (Frescotechnik) in die noch feuchte Oberputzlage eingearbeitet werden. Bei trockenem, heissem Wetter Putzflächen ständig annässen oder mit Tüchern vor zu starker Hitzeeinwirkung schützen.

Schilfrohrplatten, mit Silikatkleber gebunden

Schilfrohr, auch Reet genannt, wird seit Jahrtausenden überwiegend zur Dachdämmung und Dachdeckung im Baubereich eingesetzt: Ein gut gedecktes Reetdach hält bei regelmässiger Pflege gut und gern 80 bis 100 Jahre. Mit Draht gebundenes Schilf dient darüber hinaus als bewährtes Putzträgermaterial an Decken und Wänden. Seit mehreren Jahren sind 20 bis 50 mm dicke, drahtgebundene Schilfrohrplatten als Dämmplatten auf dem Baustoffmarkt erhältlich. Sie werden überwiegend in osteuropäischen Ländern wie Ungarn, Polen, teilweise auch in Österreich hergestellt, wo grossflächige Reetvorkommen auch heute noch gepflegt werden. Pflege heisst, dass das Schilf einmal jährlich gemäht werden muss, damit die Feuchtbiotope nicht «umkippen». In besonderen Vogelschutzgebieten wird Schilf nur alle sechs Jahre gemäht.

Im Vergleich zu Stroh hat Schilf einen sehr hohen Kieselsäuregehalt (Silikatgehalt), welcher ohne chemische Zusatzbehandlung für die Brandschutzklasse B2 ausreichend ist.

Für die Bauhandwerker war die Schilfrohrplattenbearbeitung sehr zeitraubend, da beim Zusägen die Drahtbindung abgelöst und neu gebunden werden musste. Nach vielen Versuchen wurde von Ökologie in der Regio in Zusammenarbeit mit der Firma Kreidezeit eine Schilfrohrdämmplatte entwickelt, die keine Drahtbindung benötigt: Das Schilf wird zu Platten gepresst und in ein Wasserglasbad getaucht (Wasserglas = Silikat). Das Wasserglas bindet mit CO_2 sofort ab, gleichzeitig wird dadurch das Brandverhalten erheblich verbessert: Schilfrohrplatten, mit Silikat geklebt, haben die Brandschutzklasse B1.

Fassadendämmung II

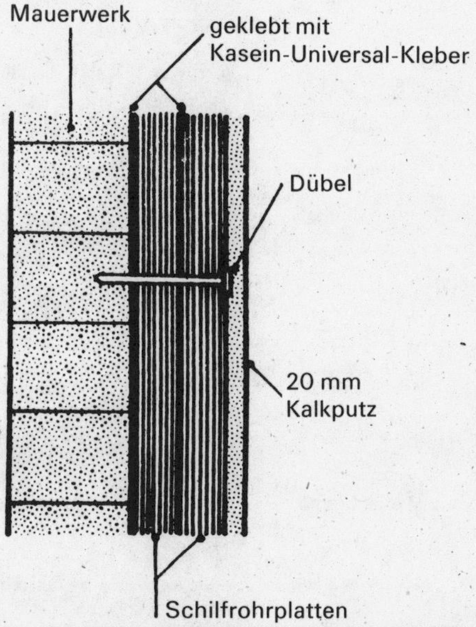

Bodenschalldämmung I

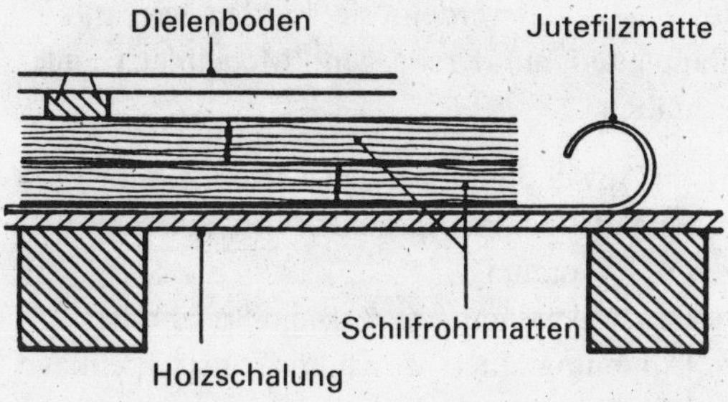

Bodenschalldämmung II

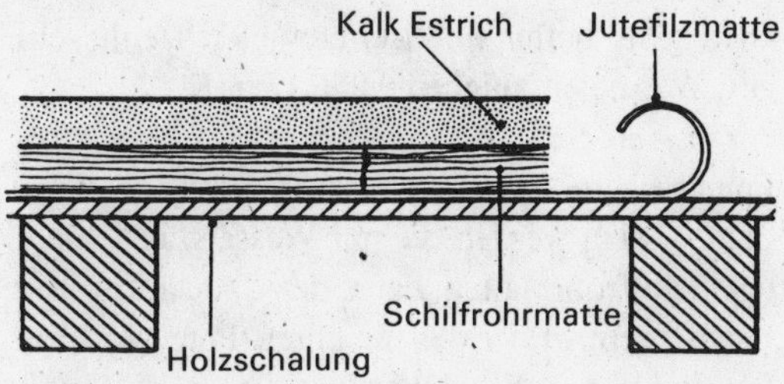

Neubau Dachdämmung I

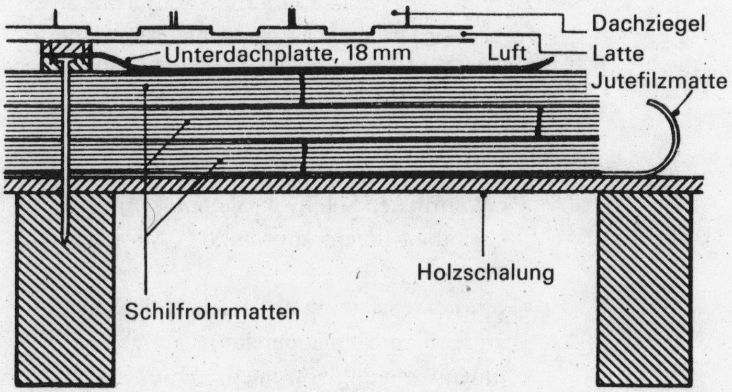

Die neuen Schilfrohrplatten können problemlos bearbeitet werden; sie werden wie andere Bauplatten mit Kreissägen (Metallblatt) zugeschnitten.

Ihr Anwendungsbereich ist sehr vielfältig:

- Fassadendämmung, gleichzeitig Putzträger,
- Dachdämmung,
- Fussbodendämmung, z. B. im Spitzboden
- Dämmung unter Estrich als Trittschalleinlage usw.

Schilfrohrplatten haben aufgrund ihrer hohen Rohdichte (ca. 200 kg/m^3) sehr gute Wärmespeichereigenschaften und isolieren gleichzeitig sehr gut: Wärmeleitfähigkeit 0,056 W/mK.

Für den Selbstbaumarkt wurde ein weiteres Lehmbauprodukt entwickelt, die Schilflehmbauplatte. Dazu werden die mit Wasserglas geklebten Schilfrohrplatten nach der Trocknung mit Lehm verputzt, in den feuchten Putz wird ein feines Jutegewebe eingearbeitet und nochmals mit Lehmschlämme fein überzogen. An der Baustelle wird die neue Schilf-Lehmbauplatte mit Kasein- oder Kalkkaseinfarbe gestrichen, Stossfugen werden mit Kaseinspachtelmasse überarbeitet. Die Anwendungsgebiete sind vielfältig:

- sichtbare Lehmdeckenplatte für Alt- und Neubau,
- sichtbare Dachdämmplatte in Kombination mit normalen Schilfrohrplatten
- Leichtbau-Innentrennwände in Alt- und Neubau,
- verlorene Schalung für Holzleichtlehmaussenwänden im Neubaubereich,
- Innendämmung von Fachwerkaussenwänden bei historischer Bausubstanz,
- Wohnungstrennwand mit hohen Brandschutzansprüchen (B1).

Schilflehmbauplatten werden in den Standardstärken d = 50 und 80 mm produziert. Standardformate von einfachen Schilfrohrdämmplatten:

100 × 200 cm, 150 × 200 cm, 200 × 200 cm, 125 × 200 cm. Standardstärken 20/50 mm.

Zurzeit ist ein Bausatzhaus für Selbstbauer in Entwicklung, bei welchem die vorgenannten Schilfrohrplatten und die Schilflehmbauplatte für Dachdämmung, Deckenkonstruktionen, Innen- und Aussenwände, kombiniert mit Strohleichtlehmziegeln oder Holzleichtlehm, eingebaut werden. Das erste Musterhaus wird bis 1994 fertiggestellt sein.

Die Kapazität des produzierenden Fachbetriebes liegt bei 100 Einfamilienhäusern pro Jahr, pro Tag laufen etwa 1000 m^2 Schilflehmbauplatten vom Band.

Weitere Informationen: Ökologie in der Regio, Metzgergasse 6, 7814 Breisach,
Telefon 0 76 67/71 90, Fax 0 76 67/8 03 25.

Lehmbauplatten

Die Lehmbauplatte ist ein Werkstoff aus dem Bindemittel Lehm oder Ton und mineralischen oder pflanzlichen Zuschlägen. In die jeweilige Mischung wird in der bevorzugten Ausführung eine Armierung von ein bis fünf Lagen Schilfrohrgewebe eingelegt, welches ab zwei Lagen kreuzweise verlegt ist und so der Platte eine hohe Stabilität verleiht.

In die Plattenoberfläche wird Jutegewebe eingelegt, welches ganz oder teilweise in die oberste Lehmschicht eingebettet ist. Die Lehmbauplatte kann mit fertiger Oberfläche produziert werden, die bei entsprechenden Dimensionen fugenlos in ein Tragwerk eingebaut wird und nur noch angestrichen werden muss. Für den Einbau in grösseren Flächen werden die Plattenkanten mit Nut und Feder versehen, die Stösse werden mit Gewebe überspannt. Das Raumgewicht der Platte kann den jeweiligen Gegebenheiten individuell angepasst werden und liegt zwischen 350 bis etwa 1100 kg/m³. Die Lehmbauplatte ist schwer entflammbar. Sie wird in folgenden Formaten hergestellt:

1,10 × 3,50 m, 0,50 m × 2,00 m; Dicken 12 mm, 35 mm, 55 mm.

Fachwerkwand

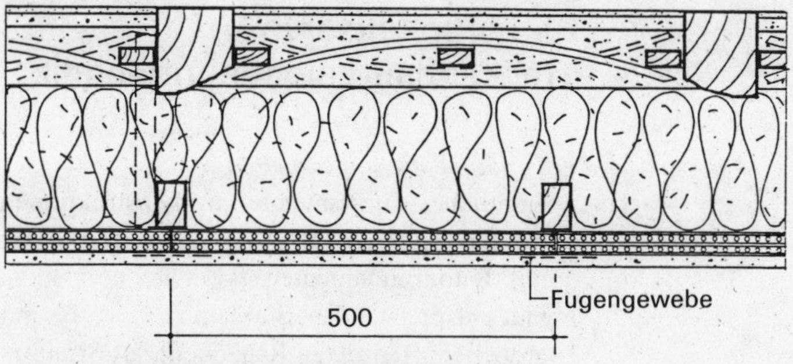

Bestehendes Fachwerk mit vorhandener reparierter oder neu erstellter Ausfachung, Aussenseite Kalkputz, Lehmunterputz, ~100 mm
Leichtlehmhinterdämmung, 180 mm
Lehmbauplatte (dreilagig), schwer, 30 mm
Lehmputz, einlagig, 15 mm

Schalldedämmte Innenwand

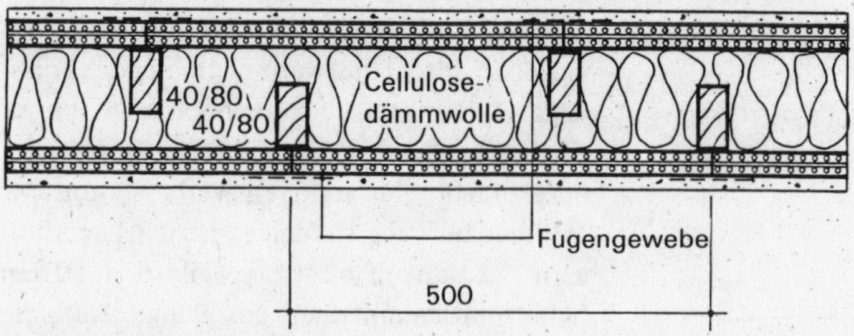

Lehmputz, einlagig, 15 mm
Lehmbauplatte (dreilagig), schwer, 30 mm
Konstruktion und Dämmung, 120 mm
Lehmbauplatte (dreilagig), mittelschwer, 30 mm
Lehmputz, einlagig, 15 mm

Die Lehmbauplatte kann im Baubereich ähnlich wie Gipskarton oder Holzwolle-Leichtbauplatten angewendet werden. Sie wird mit der Stichsäge oder der Trennscheibe bearbeitet und kann sowohl geschraubt als auch genagelt werden.

Weitere Informationen: Peter Breidenbach, Nettetaler Strasse 106, D-4060 Viersen 11, Telefon 0 21 53/6 03 60, oder bei Ökologie in der Regio.

Standardbaubeschreibung für Lehmhäuser in Trockenbau-Leichtlehmtechnik

- *Fundamentierungsarbeiten*
  Sämtliche Fundamentierungskonstruktionen werden nach Vorgaben der jeweiligen Statik mit Betonfundamenten B15, wo notwendig mit entsprechenden Stahleinlagen (z. B. mit erdbebengefährdeten Bauzonen), als Streifen- und Punktfundamente frostfrei gegründet ausgeführt. Entlang der Aussenfundamente wird zur Oberflächenentwässerung eine Ringdrainage verlegt.
- *Fussbodenkonstruktion im Erdgeschoss (Fussbodenaufbau über Erdreich)*
  Auf das gewachsene Erdreich wird eine kapillarbrechende Grobschotterschicht der Stärke d = 150 mm aufgebracht und gut verdichtet. Darüber wird eine wärmedämmende Trasskalk/Blähtonkalk-Leichtbetonbodenplatte der Stärke d = 250 mm ohne Stahlbewehrung aufgebracht. Zur weiteren Verbesserung der Wärmedämmung werden zwischen Lagerhölzern der Stärken 60 mm jeweils d = 50 mm Schilfrohrdämmplatten eingebaut. Auf die Lagerhölzer wird ein Massivholz-Dielenboden aufgebracht.
- *Beschreibung der statisch tragenden Holzkonstruktion*
  Auf die Streifen-/Punktfundamente wird das statisch tragende Holzständerwerk entsprechend der geltenden Regeln der Baukunst, überwiegend mit metallfreien Zapfenverbindungen aufgebaut. Je nach statischen Vorgaben bestehen die tragenden Holzständer in den Aussen- und Innenwänden aus 120/140 mm starkem Massivholz, Güteklasse II, Tanne/Fichte. Zur statischen Aussteifung wird auf der Aussenwand-Aussenseite vollflächig eine d = 24 mm starke diagonale Massivholzschalung (Rauhspund) aufgebracht. Das tragende Ständerwerk für die Innenwände wird als sichtbares Holzfachwerk mit entsprechenden Diagonalstreben ausgebildet.
  Die Deckenbalken in der Decke über Erdgeschoss werden unterseitig genutet zur Aufnahme einer sichtbaren Massivholzschaltung für die entsprechenden Deckenfüllungen. (Stärke der Deckenbalken je nach Statik 120/220 mm.) Die Dachkonstruktion wird je nach Grundriss und Statikplanung wahlweise als Sparren- oder Pfettendachkonstruktion ausgebildet, wobei in der Regel ein kleiner Kniestock mit eingeplant wird. In der Standardbaubeschreibung wird die Wärmedämmung in Form von Zellulosedämmwolle zwischen die Sparren eingebracht.
  Zur statischen Aussteifung wird über die Dachsparren (Stärke in der Regel 100/200 mm) vollflächig eine diagonale Massivholzschalung (Rauhspund d = 24 mm) aufgebracht.
- *Aussenwandkonstruktionen*
  Aussenwände im Süd- und Westbereich: Zwischen die tragenden Holzständer wird ein Strohleichtlehmziegelmauerwerk der Stärke d = 120 mm als nichttragendes Mauerwerk mit Lehmmörtel aufgemauert. Eine zweite, d = 120 mm starke Strohleichtlehmziegelmauer wird direkt innenseitig vor die vorgenannte Ausfachung, ebenfalls mit Lehmmörtel gemauert, aufgebaut. Zur Verbesserung der Wärmedämmung werden auf die äussere Diagonalholzschalung insgesamt 70 mm Schilfrohrdämmplatten vollflächig aufgebracht und später mit Kalkputz verputzt.
  Aussenwandkonstruktion im Nord- und Ostbereich: Im Gegensatz zur vorgenannten Aussenwandkonstruktion im Süd- und Westbereich wird hier der Schwerpunkt auf eine gute Wärmedämmung gelegt. Dafür wird auf die diagonale Holzverschalung aussen vollflächig d = insgesamt 120 mm Schilfrohrdämmplatten in entsprechenden Holz-Haltekonstruktionen aufgebracht.

Das Lehmmauerwerk auf der Innenseite, zwischen die tragenden Holzständer ausgefacht, besteht aus einer d = 120 mm Strohleichtlehmziegelwand, gemauert mit Lehmmörtel.

- *Innenwandkonstruktionen im Erd- und Obergeschoss*
  Die auf Wunsch beidseitig sichtbar ausgebildete Holzfachwerkkonstruktion wird mit d = 120 mm starkem Massivlehmziegelmauerwerk, erstellt mit Lehmmörtel, ausgemauert. Hierbei wird die Holzstärke so gewählt, dass die Lehmputzoberflächen bündig mit den sichtbaren Fachwerkkonstruktionen verputzt werden können.

- *Innenputzarbeiten*
  Innenputze an den Aussenwänden im Süd- und Westbereich: Ausführung als zweilagige Lehmputze in den Stärken d = 15 mm, wo nötig Putzträgereinlagen in Form von Jutematten.
  Innenputze an den Aussenwänden im Nord- und Ostbereich: Hier wird vollflächig ein Putzträger in Form von Jutematten in die erste Lehmputzlage eingebaut.
  Lehmoberputz: Ebenfalls als Lehmputz ausgeführt, Gesamtputzstärke d = 15 bis 20 mm.
  Innenputze auf Innenmauerwerk: Ausführung als zweilagiger Lehmputz der Gesamtstärke d = 15 mm, in der Regel als sichtbare Fachwerkputze ausgeführt.
  Auf Wunsch, gegen entsprechende Mehrkosten, können die Innenwände auch vollflächig überputzt werden, wobei zur Putzträgerverbesserung vollflächig eine Jutematte eingebaut werden muss.

- *Deckenkonstruktion über Erdgeschoss*
  Auf die sichtbare Massivholz-Zwischenschalung wird eine Jutefilz-Rieselschutzmatte aufgelegt. Darauf Aufbringen von d = 70 mm oder je nach Statik d = 120 mm Naturbau-Massivlehmziegeln als Decken-Schallschutz. Bis Oberkante Deckenbalken Verfüllen mit Schilfrohrdämmplatten.
  Zur Trittschalldämmung werden auf die Deckenbalken d = 15 mm Jutefilz-Trittschallmatten verlegt, darüber Lagerbrett ca. 35 mm, worauf der Massivholz-Dielenboden befestigt wird.
  (Falls die Möglichkeit besteht, an der Baustelle vorhandenen trockenen Ortlehm zu verwenden, wird dieser anstelle von Massivlehmziegeln in einer Höhe von ca. 100 mm auf die Jutefilz-Rieselschutzmatte verfüllt.)

- *Beschreibung der wärmegedämmten Dachkonstruktion*
  Aufbau von unten nach oben wie folgt: Einbau von sichtbarer Massivholzschalung, Nut und Feder unten, direkt auf die Dachsparren. Dahinter Verlegen eines diffusionsoffenen Rieselpapieres. Wärmedämmung zwischen die Sparren (d = 200 mm) mit Dobry-Iso-Top-Cellulosedämmwolle B 2. Darüber ist die diagonale Massivholzschalung Stärke d = 24 mm aufgebracht.
  Darauf Aufbringen von winddichter und wasserabweisender Unterdachplatte d = 18 mm (wahlweise Dobry-Top-Plus, Nut und Feder Stärke 18 mm, oder Steico-Unterdach mit intelligenter Nut-und-Feder-Konstruktion, ebenfalls d = 18 mm). Darauf Aufbringen von Konterlattung zur Hinterlüftung (ca. 40 mm). Abschliessend Lattung und Dachdeckung mit Ton-Falzziegeln nach Angabe des Herstellers.

- *Fensterbau, Verglasungsarbeiten, verglaste Aussentüren*
  Standardausführung als Massivholzfenster/-türen, bestehend aus nordischer Kiefer, vakuumimprägniert, isolierverglast (k-Wert der Verglasung 1,5).
  Oberflächenbehandlung der Fenster und Türen: Nach Angabe der Herstellerfirmen oder im Selbstbau ausgeführt mit Kreidezeit-Naturfarben.
  Fenster und Türen werden mit echten Massivholzsprossen nach Architekturzeichnung individuell ausgeführt.

- *Hauseingangstüre, Innentüren, Massivholztreppen innen*
  Die Hauseingangstüren werden ebenfalls als Massivholztüren in nordischer Kiefer, vakuumimprägniert, in der Standardbaubeschreibung ausgeführt.
  Massivholz-Innentüren, ebenfalls aus nordischer Kiefer, auf Wunsch als Füllungstüren, wahlweise mit entsprechender Verglasung, in der Standardbaubeschreibung.
  Oberflächenbehandlung: Im Selbstbau mit Kreidezeit-Naturfarben (Bienenwachsbehandlung, Naturharzölgrundierung).
  Massivholz-Innentreppen werden in der Standardbaubeschreibung wahlweise als Kiefernleimholz-Treppe mit Stufen und Setzstufen aus nordischer Kiefer der Stärke d = 40 mm angeboten oder Massivholztreppen mit Buchenstufen und Tanne/Fichte-Massivholzwangen.
  Oberflächenbehandlung: Im Selbstbau mit Kreidezeit-Naturfarben.
  (Auf Wunsch besteht die Möglichkeit, gegen entsprechende Mehrkosten auch Kastenfenster und Kastentüren einzubauen.)
- *Heizungsanlage*
  In der Standardbaubeschreibung wird eine Fussleisten-Wandstrahlheizung entlang der Aussenwände eingebaut. Im Dachgeschoss (meist im Badezimmerbereich) wird eine Gas-Brennwerttherme mit entsprechendem Warmwasserkessel installiert. Hierzu ist der teure Bau eines normalen Standardkamins nicht notwendig; das ausgeschiedene Kondensat wird über ein spezielles PE-Rohr direkt oberhalb des Heizkessels über Dach ausgeschieden.
  Montage der Gas-Brennwertthermenanlage mit Heizkessel (in der Regel EFBE-Brennwerttherme) wird durch ortsansässige Handwerker vergeben.
  Montage und Planung der Fussleisten-Wandstrahlheizung durch uns bekannte Fachhandwerker.
  Soll später z. B. ein Kachelofen aufgebaut werden, wird gegen entsprechende Mehrkosten der dafür notwendige Kamin als Formsteinkamin nach Angaben der Hersteller eingebaut.
- *Elektro- und Sanitärarbeiten*
  Elektro- und Sanitärarbeiten werden in der Regel immer von ortsansässigen Handwerkern ausgeführt, wobei die Bauherrschaft direkt die Aufträge vergibt. Genauere Einzelheiten hierzu werden individuell mit der Bauherrschaft abgesprochen.
- *Aussenputzarbeiten*
  Die Aussenputzarbeiten auf Schilfrohrplatten werden in zweilagigem Trasskalkputz mit den entsprechenden Putzträgern ausgeführt. Putzstärke d = 20–25 mm.
  Oberflächenbehandlung der Aussenputzflächen in der Regel mit zwei- bis dreimaligem Silikatfarbenanstrich.
- *Malerarbeiten innen und aussen*
  Ausführung in der Regel komplett im Selbstbau mit den entsprechenden Kreidezeit-Naturfarben.
  Auf besonderen Wunsch können die genannten Malerarbeiten durch ortsansässige Fachhandwerker oder durch uns bekannte Fachhandwerker ausgeführt werden.
- *Weitere zusätzliche ökologisch sinnvolle Baumassnahmen*
  Regenwassersammelanlage: Gegen entsprechende Mehrkosten kann z. B. eine Regenwasserzisterne mit entsprechenden Pump- und Leitungseinrichtungen eingebaut werden. Verwendung des gesammelten Regenwassers z. B. für Toilettenspülung oder Gartenbewässerung.
  Einbau von Solarkollektoren zur Warmwasserbereitung: Auf Wunsch kann gegen entsprechende Mehrkosten zur Warmwasserbereitung eine Solarkollektoranlage mit entsprechend geplantem Pufferspeicher integriert werden. Grösse der Solarkollektoranlage entsprechend der notwendigen Wassermenge

(Anzahl der Hausbewohner, Gewohnheiten wie z. B. Duschen oder mehrmaliges Baden) sowie der möglichen Südausrichtung.

Der Einbau von Solarzellen zur Stromversorgung ist heute noch sehr kapitalintensiv; sinnvoll wäre eine Nutzung von Solar-Windanlagen, die leider auch noch sehr teuer sind.

In jedem Falle diskussionswürdig sind Heizanlagen bestehend aus Kachel-Grundofen mit integrierter Warmwassertasche zur Warmwasserbereitung. Hierbei sollte die Fussleisten-Wandstrahlheizung lediglich als Zusatzheizung betrachtet werden.

Anhaltspreise für Lehmarbeiten mit modernen Lehmbautechniken

1. Innenwände, ausgefacht mit Massivlehmziegeln, d = 11,5 cm, inkl. Lehmgrundputz und Dreikantleisten:
   DM/Fr. 105.– bis 135.– je m²
2. Innenwand wie 1, jedoch d = 17,5 cm:
   DM/Fr. 115.– bis 145.– je m² Wandfläche
3. Innenwand wie 1, jedoch d = 24 cm:
   DM/Fr. 155.– bis 195.– je m² Wandfläche
4. a) Aussenfachwerke, ausgefacht mit Strohleichtelementen, d = 15 cm, inkl. Lehmgrundputz, Dreikantleisten:
   DM/Fr. 120.– bis 180.– je m² Vollwandfläche
   b) zweischaliges Aussenwandmauerwerk mit Strohleichtlehmelementen, gemauert mit Lehmmörtel, Gesamtdicke d = 310 mm (ohne Holzständer und Fachwerkkonstruktion) je m²:
   DM/Fr. 210.– bis 295.–
5. Aussenfachwerkwände, ausgefacht mit Holzleichtlehm, d = 30 cm, k-Werte bis 0,45, ohne Putz und Holzständer innen:
   DM/Fr. 195.– bis 240.– je m²
6. a) Aussenputz auf Lehmmauerwerk, Bruchsteinmauerwerk, Ziegelmauerwerk; Sumpfkalkputz in zwei Lagen ohne Kalkanstrich:
   DM/Fr. 49.– bis 65.– je m² ohne Gerüsterstellung
   b) Aussenputz wie 6, jedoch mit zweimaligem Sumpfkalkanstrich inkl. Pigmente:
   DM/Fr. 62.– bis 79.– je m² ohne Gerüsterstellung
7. Innenputz auf Lehmmauerwerk mit Trockenlehmpulver in zwei Lagen ohne Oberflächenbehandlung:
   DM/Fr. 40.– bis 50.– je m²
8. a) Innenputz wie 7, jedoch mit Kaseinlasur im Lehmfarbton:
   DM/Fr. 50.– bis 60.– je m²
   b) Innenputz wie 7, jedoch auf Wunsch mit Kaseinfarbe, farblich mit Erdfarbpigmenten abgetönt:
   DM/Fr. 50.– bis 56.– je m²
9. Lehmputz mit Trockenmörtelpulver auf Ziegelmauerwerk in zwei Lagen:
   DM/Fr. 45.– bis 55.– je m² (ohne Anstrich)

Deckeneinschub mit Massivlehmziegeln

Massivlehmplatten, d = 4 cm, Flächengewicht ca. 55 kg/m²:
Preis inkl. Verlegen ca. DM/Fr. 39.–

Massivlehmplatten, d = 7,1 cm, Flächengewicht ca. 120 kg/m²:
Preis inkl. Verlegen ca. DM/Fr. 43.–

Massivlehmplatten, d = 11,5 cm, Flächengewicht ca. 120 kg/m²:
Preis inkl. Verlegen ca. DM/Fr. 43.–

Massivlehmplatten, d = 11,5 cm, Flächengewicht ca. 170 kg/m²:
Preis inkl. Verlegen ca. DM/Fr. 49.–

Anhaltspreise für historische Handwerkstechniken

Lehmbauarbeiten

Ausfachung von Innen- und Aussenwänden in Lehm-/Geflechttechnik, d = ca. 12 cm:
je nach Gefachgrössen DM/Fr. 120.– bis 170.– je m²

Lehmwickeldecken in vorhandene Nuten neu einbauen, d = ca. 10 cm:
je nach Schwierigkeitsgrad DM/Fr. 180.– bis 260.– je m²

Lehmhäckselputz auf Lehmausfachungen innen, zweilagig:
je nach Gefachgrössen DM/Fr. 55.– bis 72.– je m²

Deckenputze je nach Raumhöhe, Schwierigkeitsgrad:
DM/Fr. 59.– bis 75.– je m²

Lehmfeinputz auf Grundputz, einlagig:
DM/Fr. 25.– bis 35.– je m²

Lehmkaseinlasur auf Lehmfeinputze, zweimalig:
je nach Schwierigkeitsgrad DM/Fr. 9.– bis 15.– je m²

Putzarbeiten

Sumpfkalkputz in zwei Lagen aussen oder innen im Fachwerkbereich:
DM/Fr. 49.– bis 69.– je m²

Sumpfkalkanstrich im Fachwerkbereich auf Sumpfkalkputz in Frescotechnik, zweimalig, inkl. Erdfarbpigmentzusatz auf Wunsch:
DM/Fr. 19.– bis 26.– je m²

Rund ums Bauen mit Lehm

Wärmedämmung mit Naturbaustoffen

Die zur Erhaltung des gewünschten Wohnklimas benötigte Menge Heizenergie richtet sich danach, wieviel Wärme durch Aussenwände und Lüftung verlorengeht. Der Heizenergieverbrauch ist daher ganz wesentlich eine Frage des Wärmedurchgangswertes der Bauteile, ihres k-Wertes. Dieser Isolierungswert eines Bauelementes oder Hauses drückt als wärmetechnischer Grundkoeffizient aus, wieviel Wärme (kcal) pro Quadratmeter (m^2), gemessen in ° C, in welcher Zeit (h) verlorengeht ($kcal/m^2 \times h \times °C$). Die heutige, übliche Kurzformel lautet $W/m^2 K$, wobei K für Kelvin (Temperaturdifferenz) steht. Ein kleiner k-Wert weist also auf gute Isolierwirkung hin.

Nun sind die quantifizierbaren Kriterien durchaus nicht alles: Um behaglich zu wirken, braucht das Haus zum Ausgleich von Temperaturschwankungen und zum Speichern von Solar- und Heizwärme schwere, massive Bauteile. Für ein angenehmes Wohnklima und eine nicht zu hohe Heizrechnung sind also sowohl eine gute Wärmespeicherung als auch eine gute Wärmeisolierung erforderlich. Baustoffe können in der Regel jedoch nur das eine oder das andere. Weisen sie eine hohe Rohdichte auf, sind sie also schwer wie Beton, Klinker, Ziegel oder Massivlehm, lassen sie sich gut aufheizen, speichern die Wärme und geben sie langsam wieder ab. Gute Wärmespeicher sind aber auch gute Wärmeleiter, das heisst, je dichter und schwerer ein Baustoff ist, desto schlechter ist seine Isolierwirkung. Baustoffe, die leicht sind und viele Lufteinschlüsse aufweisen (Schilfrohrmatten, Zellulosewolle, Holzfaserplatten, Kokos, Kork, Stroh, Holz), haben eine geringe Wärmeleitfähigkeit, ausgedrückt in λ, und sind damit gute Isolierstoffe. Was ihnen fehlt, ist die Masse, um Wärme zu speichern.

Lehm ist auch im Sinne ein universeller Baustoff, als sich grosse Mengen Faser- oder Zuschlagsstoffe (Stroh, Holz, Blähton, Binsen, Tierhaare, Ziegelsplit usw.) einarbeiten lassen, was die Isolierwirkung erheblich erhöht, ohne dass zuviel von der erwünschten Speicherfähigkeit verlorengeht. Hinzu kommt noch eine andere Qualität des Baustoffs Lehm, die vor allem in Verbindung mit Holz zum Tragen kommt, nämlich die geringe Gleichgewichtsfeuchte. Feuchtigkeit, die sich auf dem Holz niederschlägt, kann der Lehm aufnehmen und an die Wandoberfläche transportieren. Dort, wo zwei Baustoffe aufeinandertreffen, nimmt immer der trokkenere, also der mit der geringeren Gleichgewichtsfeuchte, das anfallende Wasser auf und führt es nach aussen ab. Das macht Lehm gerade zusammen mit Holz zum idealen Baustoff nicht nur in historischen Fachwerkhäusern, sondern auch im modernen Wohnungsbau.

Über blosses Energiesparen hinausdenken

Nach allgemeinem Verständnis wird heute ökologisches Bauen gleichgesetzt mit energiesparender Bauweise, welche einseitig am Dämmstandard gemessen wird. Es kann nicht bestritten werden, gut gedämmte Häuser verbrauchen selbstverständlich weniger Energie als schlecht gedämmte Bauten. Doch setzen die Normen einseitig auf den k-Wert, ohne dabei beispielsweise einen Unterschied zwischen der Nord- und Südseite eines Hauses zu machen. Wer sich rundum in Styropor einpackt, verabschiedet sich vom Tages- und Jahreszeitenwechsel, entfernt sich von den natürlichen Lebensgrundlagen, von allen sinnlichen Reizen und Impulsen.

«Die Schlusskette k-Wert = Wärmeverlust = Heizenergieverbrauch = Gradmesser für ökologisches Bauen ist nicht nur ausgesprochen falsch, sondern eine bewusste – oder unbewusste – Täuschung. Die augenblickliche Dämmungseuphorie beruht nachgewiesenermassen auf simplen Denkfehlern und Irrtümern und auf irreführenden Schlussfolgerungen.» (Claus Meier: «Umweltschutz in der Superdämmung» in «Klima, Kälte, Heizung» Nr. 6-1990.)

Wir müssen lernen, uns dem Energiesparen mehrdimensional zu nähern. Energiebilanzen werden nicht nur durch Wärmeverluste, sondern auch durch die Wahl der Baustoffe, das Heizkonzept, den Warmwasser- und Elektrizitätsverbrauch sowie architektonische Vorgaben bestimmt.

Dämmstoffe aus der Natur

Wer ganz konsequent nach baubiologischen Gesichtspunkten bauen möchte, wird sich auch in der Wahl des Dämmstoffes danach richten: Zellulose, Kork, Kokosfaser, Holzwolle-Leichtbauplatten oder auch Schilfrohr stehen zur Verfügung. Wärmetechnisch unterscheiden sich die einzelnen Baustoffe und damit auch die Dämmmaterialien in ihrer Wärmeleitfähigkeit. Ausserdem ist bei der Beurteilung von Baustoffen die Frage ihrer Entflammbarkeit wichtig. Hierzu werden sie in fünf Baustoffklassen eingeteilt:

Baustoffklasse A1 und A2	nicht brennbar
Baustoffklasse B1	schwer entflammbar
Baustoffklasse B2	normal entflammbar
Baustoffklasse B3	leicht entflammbar

Jeder Baustoff, der in die Klassen A1 und A2, B1 oder B2 eingestuft wurde, besitzt entsprechende Prüfzeugnisse, und die Baustoffklasse ist auf der Verpackung angegeben. Fehlt diese Angabe, gilt der Baustoff automatisch als leicht entflammbar.

Holzwolle-Leichtbauplatten

Diese seit Jahrzehnten bewährten Leichtbauplatten bestehen aus zement- oder magnesitgebundener Holzwolle. Die Platten sind weitgehend biege-, stoss- und bruchfest und sind frei von Chloriden, greifen also Metall nicht an. Da sie magnesitgebunden, feuchtigkeitsausgleichend und pilzresistent sind, können sie sogar ohne Dampfsperre eingebaut werden. Ausserdem sind sie standfest und können auch als Innenwand gesetzt und verputzt werden. Allerdings haben Holzwolle-Leichtbauplatten im Vergleich zu anderen Dämmstoffen schlechtere Wärmedämmeigenschaften. Der λ-Wert liegt bei 0,093 W/mK, so dass man grössere Dämmstärken wählen muss, um auf einen guten Dämmwert zu kommen. In bezug auf den Brandschutz sind die Platten positiv zu bewerten: Sie werden der Baustoffklasse B1 zugeordnet.

Zellulose

Zellulose ist ein echtes Recyclingprodukt: Zeitungspapier wird zerkleinert und mit einem Boraxsalz behandelt, das es gegen Ungeziefer und Verrottung schützt und die Aufnahme in die Brandschutzklasse B2 erlaubt. Das wollig-filzige Material hat mit der Wärmeleitfähigkeit von 0,040 W/mK eine hohe wärmedämmende Wirkung. Es enthält weder lungengängige Feinstäube noch ausdünstende Chemikalien, ist dampfdiffusionsfähig und verfügt über einen natürlichen Feuchteausgleich.

Zellulose-Wolle wird maschinell in vorbereitete, gut abgedichtete Hohlräume von Decke, Dach und Wand eingeblasen. Dieses Verfahren ist bedienungsfreundlich und erlaubt dem Fachmann eine rasche und rationelle Arbeit. Trotz Feuchteausgleich sollte übrigens beim Einbau auf Feuchteschutz geachtet werden. Das heisst, dass unter Umständen eine Dampfsperre eingebaut werden muss.

Kork

Kork ist ein gewachsenes Produkt, nämlich die Rinde der Korkeiche, die sich aus einer Vielzahl von natürlichen Zellen aufbaut. Kork besitzt ein ausserordentlich geringes Gewicht und eine hohe Elastizität. Diese Eigenschaften machen ihn zu einem ausgezeichneten Dämmstoff gegen Wärme, Kälte und Schall. Angeboten wird Kork in Form von Dämmplatten oder Schrot als Schüttmaterial. Die handelsüblichen Korkplatten entstehen aus einem Granulat, das möglichst von der ersten Schälung stammen sollte, dem harzreichen «Jungfernkork». Dieses Granulat wird in einem sogenannten Autoklaven, einem Gerät zur Druckerhitzung, ohne fremde Bindemittel unter Ausnützung seiner natürlichen Harze zu Blöcken gebacken. Aus diesen «Backkork»-Blöcken werden dann die Platten herausgeschnitten. Korkdämmplatten erfüllen die Voraussetzungen für die Brandschutzklasse B2. Die Wärmeleitfähigkeit liegt bei 0,045 W/mK.

Rund 0,2% unseres Dämmstoffverbrauchs werden durch Kork gedeckt. Kork ist zwar ein nachwachsendes, trotzdem aber nur begrenzt verfügbares Produkt. Die erste Schälung erfolgt nach 25 Jahren, die zweite nach weiteren sieben bis zehn Jahren. Schliesslich ist der Einsatz von Kork bei uns immer mit Transportenergie verbunden, was ökologisch nicht sinnvoll ist.

Kokosfaser

Die Kokosfaser stammt von der äusseren Umhüllung der Kokosnuss. Sie ist innen hohl und kann Luft speichern. Darauf beruht ihre hohe Wärme- und Schalldämmfähigkeit. Dämmaterial aus Kokosfasern gehört (durch Behandlung mit einem Boraxsalz) wie der Kork der Brandschutzklasse B2 an. Aus der atmungsaktiven, leichten und sehr elastischen Kokosfaser entstehen Matten, Filze und Vliese. Für die Dämmung von Wänden, Decken und Fussböden werden sowohl Matten als auch Platten angeboten, die

Natürliche Dämm-Materialien

	Wärmeleitfähigkeit W/mK	Raumgewicht kg/m³	Dampfdiffusionswiderstand	Brandklasse (DIN)	Richtpreis (DM/m³+MwSt)	Heimische Verfügbarkeit	Nachwachsender Rohstoff (Dauer)
Zellulose-Dämmwolle	0,040	30 bis 40	ca. 1,25	B2	ca. 195,– Dobry-Cellulosewolle ca. 220,– ISOFLOC	++	++ Recycling-Baustoff
Korkplatten	0,045	ca. 125	ca. 20	B2	ca. 400,–	–	– 25 Jahre
Kokoswolle-Dämmatten	0,045	ca. 125	1	B2 (behandelt)	ca. 400,–	–	-
Holzweichfaserplatten	0,045	ca. 190	5	B2	310,– Dobrytherm 400,– Pavatherm	++	+ etwa 12 Jahre
Holzwolle-Leichtbauplatten	0,093	ca. 400	ca. 3	B1	360,– magnesitgebunden	++	+ ca. 12 Jahre
Schilfrohrplatten	0,045	ca. 200	2	B2 verputzt F30	210,– bis 300,–	+	++ 1 Jahr
Schafwolle	ca. 0,035	ca. 20	1	bis heute ohne Prüfnachweis	360,– Matten	++	++ 1 Jahr

++ = sehr gut + = gut 0 = neutral - = schlecht – = sehr schlecht

nicht schimmeln und nicht verrotten. Die Wärmeleitfähigkeit beträgt 0,045 W/mK.

Das Problem Verfügbarkeit ist ähnlich gelagert wie bei Kork. Kokosfaser-Dämmstoffe werden in Monokulturen gewonnen, die einen hohen Chemikalieneinsatz erfordern.

Schilfrohr-Leichtbauplatten

Leichtbauplatten aus Schilfrohr dämmen nicht nur ausgezeichnet gegen Kälte und Wärme (Wärmeleitfähigkeit 0,045 W/mK), sondern auch gegen Tritt- und Luftschall. Sie bestehen aus natürlichem Schilfrohr mit hohem Silikatgehalt (Kieselsäureverbindung).

Die Platten werden ohne chemische Zusätze, Bindemittel und Imprägnierung gefertigt. Die konstant hohe Wärmedämmung ist ihrer Hygroskopizität zuzuschreiben: Schilfrohr-Produkte saugen kein Wasser und keine Feuchtigkeit auf. Sie sind absolut fest und stabil und aufgrund ihrer griffigen Oberflächenstruktur ein ausgezeichneter Putzgrund. Die normalentflammbaren Platten (B2) gelten als völlig bruchsicher und lassen sich beispielsweise bei einer Stärke von 5 cm freitragend spannen.

Schilf oder Reet wird vor allem in Österreich und Osteuropa (Ungarn, Polen) zu kommerziellen Zwecken geerntet. Inwieweit das jährliche Schneiden in diesen Gebieten ökologisch vertretbar ist, gilt als offene Frage, zumal dafür noch keine abschliessende Beurteilung aus der Sicht der Ornithologie, der Limnologie, der Fischbiologie und des Gewässergleichgewichts vorliegt. Deshalb sollte die Angabe «1 Jahr» als Dauer des Nachwachsens von Schilf in der Tabelle Naturdämmstoffe und die insgesamt günstige ökologische Beurteilung als vorläufige Einschätzung verstanden werden. Offen ist auch die Frage, ob zur Einsparung von Transport- und Energiekosten die vorhandenen Schilfbestände in Ostdeutschland sinnvoll zu nutzen sind.

Schilfernte am Neusiedlersee in Österreich.

Holzfaserdämmplatten

Bei der Herstellung von Holzfaserdämmplatten werden entrindete Restholzteile (wie z. B. Holzhackschnitzel) zu feinen Holzfasern zermahlen, kurz erhitzt und im eigenen «Zellulosesaft» zu Dämmplatten gepresst. Holzweichfaserplatten, wie diese Dämmplatten auch genannt werden, haben sowohl gute Wärmedämm- als auch gute Schallschutzeigenschaften (λ = 0,045 W/mK). Sie finden ihre Anwendung als Dach- oder Fassadendämmplatten und als Fussbodentritt-Schalldämmplatten. Für die Verwendung als winddichte, wasserabweisende Unterdachplatte wird ihre Oberfläche bituminiert oder, was baubiologisch sinnvoller ist, mit Paraffinwachs behandelt. Dabei behalten sie ihre hohe Diffusionsfähigkeit. Beim Kauf ist unbedingt darauf zu achten, dass beim Pressvorgang keine zusätzlichen Kunstharze verwendet wurden.

Weitere Informationen: Ökologie in der Regio, Metzgergasse 6, D-7814 Breisach, Telefon 0 76 67/71 90, Fax 0 76 67/8 03 25.

Naturfarben und -kleber und ihre Anwendung im ökologischen Bauen

Viele Dinge unseres täglichen Lebens eignen sich zur Farbenherstellung. Ein einfaches Beispiel ist rotes Bohrmehl von einem Ziegelstein, mit einem Eigelb vermengt.

Farbe setzt sich immer aus zwei Komponenten zusammen: Farbmittel und Bindemittel. Bei den Farbmitteln unterscheidet man zwischen löslichen Substanzen – den Farbstoffen – und unlöslichen Substanzen, den Pigmenten. Farbstoffe werden beispielsweise zum Färben von Wolle und Seide verwendet. Für Malfarben eignen sich dagegen nur Pigmente. Bei den Pigmenten wird zwischen anorganischen und organischen unterschieden. Die anorganischen sind meist mineralischen Ursprungs (Erdfarben) oder synthetisch; organische Pigmente stammen von Pflanzen und Tieren, werden heute aber meist künstlich hergestellt.

Das Bindemittel verklebt die Pigmentkörnchen untereinander und befestigt sie auf dem Untergrund. Ausserdem bestimmt es die optische Erscheinung der Farbe (matt oder glänzend) und ihren Anwendungsbereich (Wasserfestigkeit). Es gibt wässrige Bindemittel, ölige Bindemittel und Lacke.

Für eine gut haftende Farbe ist das richtige Pigment-Bindemittel-Verhältnis entscheidend. Bei zuviel Bindemittel kann die Farbe blättern, bei zuwenig Bindemittel besteht die Gefahr, dass die Farbe nicht wischfest ist.

Jede Farbe ist nur so gut wie der Untergrund. Auf einem blätternden Untergrund kann kein Neuanstrich halten. Der Untergrund muss trokken, tragfähig und sauber sein. Um die Saugfähigkeit eines unbehandelten Untergrundes zu vermindern und zu egalisieren, ist es sinnvoll, eine Grundierung aufzubringen. Wird zuwenig oder gar nicht grundiert, wandert das Bindemittel in den Untergrund. Es ist dann nicht mehr genug Bindemittel für die Pigmente vorhanden, so dass die Farbe nicht wischfest ist (kreidet) oder der Anstrich fleckig wird.

Ganz Natur: Keine Angst vor giftigen Zusätzen.

Die Saugfähigkeit eines Putzes testet man, indem man etwas Wasser dagegen spritzt. Zieht das Wasser schnell ein, muss kräftig grundiert werden. Wenn Wasser langsam einzieht, ist der Untergrund für Anstriche gut geeignet.

Kalkanstriche – Kalkverputze

Anstriche und Verputze sind ein Teil des Ganzen und müssen mit dem Ganzen harmonieren. Dies ist gerade im Lehmbau besonders wichtig.

Ein guter Anstrich zeigt nie ein auffälliges Schadensbild; er wittert langsam ab und wird dünner. Gerade der Umgang mit den heutigen, industriell hergestellten Farben offenbart, dass die Dampfdurchlässigkeit ein relativer Begriff ist. Was für Beton und gebrannte Steine stimmen mag, erweist sich für Lehmwände als Fehlgriff. Ist die Offenporigkeit wie bei Kalk nicht gewährleistet, entsteht unter solchen Anstrichen eine Tauwasserstaufläche, die die Farbschichten aufplatzen lässt. Im Holzanschlussbereich trocknet das Wasser nicht schnell genug ab, so dass es zu Fäulnisschäden am Tragegerüst des Hauses kommen kann.

Auf Kalk- und Lehmputzen werden am besten Kalkanstriche ausgeführt, am geeignetsten auf den noch frischen Putz. Das Aushärten des Sumpfkalkanstrichs an der Luft ist ein chemischer Prozess, bei dem sich Kalziumhydroxid durch Aufnahme von Kohlendioxid in das feste Kalziumkarbonat zurückverwandelt. Der Umwandlungsprozess macht also Sumpfkalk wieder zu Kalkstein. Kalkanstriche sind pilztötend und lassen einen ungehinderten Wasserdampfaustausch zu. Sie eignen sich für den Innen- und Aussenbereich. (Siehe auch fachtechnischen Teil, Seite 111–114)

Mit Kaseinmörtel, bestehend aus Quark, Sand und gelöschtem Kalk, wurden Kirchen und Stadtmauern gebaut. Kaseinleim, hergestellt aus Quark und Kalk, benützten die altägyptischen und chinesischen Handwerker für feine Tischlerarbeiten. Theophil, ein Mönch aus dem 11./12. Jahrhundert, gibt ein genaues Rezept zur Herstellung eines wasserfesten Leimes aus Käse.

Einfache, bewährte Rezepte für Kaseinfarben und -kleber

Kaseinfarben sind gut deckend, schnell trocknend, überstreichbar, sehr gut diffusionsfähig, je nach Untergrund hoch wischbeständig und wasser- bis wetterfest. Durch das Bindemittel Kasein kann auch auf problematische Pigmente, wie Titanweiss, verzichtet werden. Kaseinfarbe sollte immer am selben Tag, an dem sie angerührt wurde, verarbeitet werden. Das beste Kasein erhält man aus Magerquark. Geruchsmässig entwickelt die Farbe für einige Tage den diskreten Charme einer Molkerei. Wen's stört, der kann einige Tropfen ätherische Öle (Lavendel, Kiefer) zusetzen.

Kalkkaseinfarbe

Bei dieser Farbe wird das Kasein durch Sumpfkalk aufgeschlossen. Diese Kaseinfarbe ist auf frischem Kalkputz besonders haltbar. Durch Kohlendioxidaufnahme aus der Luft verfestigt sich die Farbe zu einer Art pigmentiertem Kalkstein, eine Technik, die früher Freskomaler anwandten. Zum Abtönen werden licht- und wetterbeständige Erdpigmente, wie Ocker, Umbra, Terra di Siena, verwendet.

Alkalikaseinfarbe

Bei dieser Farbe wird ein Halbfertigprodukt aus Kreide, Porzellanerde und Kieselgur mit Kasein gemischt und durch Borax aufgeschlossen, das heisst wasserlöslich gemacht. Diese Kaseinfarbe ist vielseitig einsetzbar. Sie kann auf fast allen Untergründen verstrichen werden (Putz, Tapete, Jute, Textiltapete oder auch Holz). Boraxkasein lässt sich auch sehr gut mit Leinölfirnis oder Sonnenblumenöl emulgieren. Die gestrichene Oberfläche dieser Tempera wirkt dann samtartig matt. Der Ölzusatz ist variierbar je nach gewünschter Strapazierbarkeit. In vielen Bereichen, in denen lackiert – also oberflächenversiegelt – wird, ist eine Kasein-Öl-Emulsion ausreichend.

Holzleim

Kasein allein hat noch keine Bindekraft. Erst durch den Zusatz von Kalk, Alkalien oder alkalisch wirkenden Salzen entsteht ein Kaseinleim von ausserordentlicher Festigkeit. Falls Sie die Klebkraft von Kasein testen wollen, nehmen Sie 100 g Magerquark und verrühren ihn mit 20 g gelöschtem Kalk. Nach etwa 10 Minuten verleimen Sie damit 2 gehobelte Bretter übers Kreuz miteinander. Eine Schraubzwinge ansetzen und abbinden lassen. Nach 24 Stunden bekommt selbst ein Kraftathlet die Bretter nicht mehr auseinander. Altägyptische Handwerker haben mit diesem Leim bereits feinste Schreinerarbeiten hergestellt, und in den Anfangszeiten wurde mit diesem Leim Sperrholz für den Flugzeugbau verklebt. Zur Herstellung von Holzleim lässt man Kaseinpulver in etwas Wasser quellen und verrührt es dann mit einem Marmorkalkhydrat. Durch die Zugabe von Wasserglas erhält der Leim eine Tropfzeit von 10 bis 12 Stunden. Der Leim muss jeden Tag neu angerührt werden.

Baukleber

Auch als Kleber für Linoleum, Kork, Teppichboden, Jute, Sisal und sogar Fliesen eignet sich Kasein. Selbst Klebversuche von Korkparkett auf nichtsaugenden Untergrund (Glas) brachten eine erstaunliche Festigkeit. In Magerquark werden Kaseinpulver, Marmorkalkhydrat und Porzellanerde eingerührt. Durch das Kaseinpulver wird das Verhältnis von Wasser zu Kasein verbessert, Kalkhydrat bewirkt den Kaseinaufschluss, und die Porzellanerde bringt eine gewisse Steifigkeit in den Kleber. Falls dieser elastisch sein soll, ist eine geringe Ölzugabe empfehlenswert. Diese Kleber haben sich mittlerweile über mehr als ein Jahrzehnt bewährt.

Die einfachste Art, Kaseinleim herzustellen, ist das Mischen von Magerquark mit 20% gelöschtem Kalk, anwendungssicherer ist allerdings ein Gemisch aus Trockenkasein und Marmorkalkhydrat.

Wasserglasfarben

Wasserglas- oder Silikatfarben gehörten einst im Malerhandwerk zu den beständigsten Fassadenanstrichen. Wasserglas ist – wie der Name sagt – wasserlösliches Glas. Kaliumwasserglas wird aus Quarzsand und Pottasche bei etwa

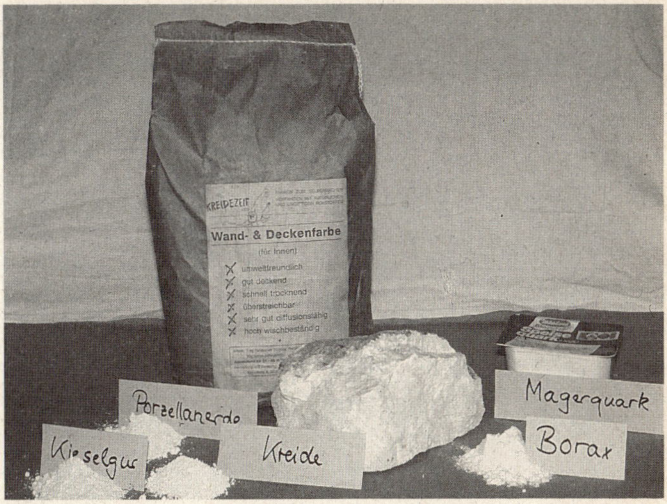

Ausgangsprodukte für die Herstellung von Farben und Klebern.

1400 °C zusammengeschmolzen und danach mit Wasserdampf zu einer wässrigen Silikatschmelze verarbeitet. Wenn man nun in diese wässrige Glasschmelze weisse Pigmente oder farbige Erden wie Ocker oder Umbra einrührt, erhält man eine gute Wandfarbe.

Wasserglasfarben sind witterungs- und feuchtigkeitsbeständig. Sie haben beste Diffusionseigenschaften, laden sich nicht statisch auf und neigen nicht zum Verschmutzen. Sie wirken fungizid und antibakteriell und sind unbrennbar. Sie werden daher unpigmentiert auch als Flammschutzmittel eingesetzt. Silikatfarbe auf Wasserglasbasis eignet sich nicht nur als wetterbeständiger Fassadenanstrich, sondern auch als wasch- und chemikalienbeständiger Innenanstrich.

Geeignete Untergründe sind Kalk- und Lehmputze, aber auch Naturstein. Alle Putze sollten ungestrichen oder nur mit Silikatfarbe gestrichen sein. Ungeeignet sind Gipsputz, Gipskarton, Kunststoffputze, Dispersions- und Lackfarbenanstriche, Öl-, Kalk- und Leimfarben. Die Trocknung findet durch Verdunstung des Wassers sowie durch CO_2-Aufnahme aus der Luft statt, das heisst, die Farbe versteinert wieder. Je verkieselungsfähiger der Untergrund ist, desto besser ist die Haftfähigkeit der Wasserglasfarbe. Die Verkieselungsfähigkeit wird durch den Gehalt an Quarzsand bestimmt. Der Anstrich ist bei sommerlichen Temperaturen nach 2 bis 3 Stunden spritzwasserfest und nach 8 Stunden nassabriebfest. Zur Pigmentierung eignen sich am besten Erdpigmente. Sie sollten nicht verschnitten, sondern rein sein. Ungeeignet sind gipshaltige sowie blei- und chromhaltige Pigmente.

Wasserglas ist umweltfreundlich; weder beim Schmelzprozess noch beim Herstellen der verschiedenen Wasserglaslösungen fallen belastende Nebenprodukte an. Dass Kaliumsilikat, wie die chemische Verbindung heisst, gesundheitlich unbedenklich ist, zeigt sich schon daran, dass früher Eier in mit Wasserglas gefüllten Steinguttöpfen aufbewahrt und konserviert wurden. Immerhin sind gewisse Sicherheitsvorkehrungen beim Umgang mit Wasserglas angebracht: Da die Kieselsäure im Kaliumsilikat ein wenig ätzend ist, empfiehlt es sich, eine Schutzbrille zu tragen.

Alaungrundierung

Alaun ist ein jahrhundertelang bewährtes Grundiermittel für mineralische Untergründe (Lehm-, Kalk-, Gips- und Kalkgipsputz). Alaun neutralisiert Ätzkalkreste und egalisiert oder vermindert die Saugwirkung des Putzes. Das auskristallisierte Salz bildet eine Sperrschicht gegen wasserlösliche Stoffe im Putz, die sogenannten Ausblühungen.

Schellack

Schellack und seine Gewinnung hat einen ganz besonderen Hintergrund. Eine indische Schildlausart nimmt frischen Pflanzensaft als Nahrung auf und produziert daraus ein Harz. In der Hindusprache heisst «lakh» soviel wie hunderttausend, das heisst, eine nicht unerhebliche Zahl von Läusen ist erforderlich, um den Schelllack zu produzieren. Von diesem Begriff «lakh» leitet sich auch unsere heute verwendete Bezeichnung «Lack» ab.

Mit Schellack wurden jahrhundertelang Möbel, Kinderspielzeuge und Fussböden lackiert. Das «lausige» Harz ist nicht in Terpentinöl löslich, sondern nur in Alkohol (Ethanol oder Spiritus). Schellack eignet sich hervorragend als Sperrgrund für Wasser-, Sott-, Nikotin- und Teerflecken. Eine interessante Alternative zu diesem Sperrgrund ist übrigens mit Kalk vermengter Kuhdung!

Schellack kann auch wasserlöslich gemacht werden. Durch die Lösung von etwas Borax in Wasser wird das Wasser alkalisch, das heisst, aus Wasser, Schellack und etwas Borax wird ein absolut geruchloses, umweltfreundliches Bindemittel, das wasserunlöslich trocknet. Dieses Bindemittel dient als Lasurfarbe für Wände, als lösungsmittelfreie Grundierung für Holz oder sogar als Aquarellmalmittel.

Natürliche Eier-Emulsion

Das Eigelb stellt bereits eine natürliche, fette Emulsion von Öl und Wasser dar. Der Ölanteil beträgt über 30%. Durch Einrühren von Pigmenten erhält man bereits eine gute Malfarbe, die auch mit ein wenig Wasser verdünnt werden kann. Die Hagelschnüre, mit denen das Dotter in der Mitte des Eies aufgehängt ist, sollten entfernt werden.

Geschlagenes Eiweiss wurde früher von Malern als Zwischen- und Schlussfirnis verwendet. Versuche, damit eine Art wasserunlösliche Haut herzustellen, waren erfolgreich. Um das Eiweiss wasserunlöslich zu machen, ist es allerdings erforderlich, es für einige Zeit dem Sonnenlicht (UV-Strahlen) auszusetzen. Das Eiweiss wird steif geschlagen. In einem Sieb kann es über Nacht abtropfen. Das abgetropfte Eiweiss wird dann weiter mit Wasser verdünnt und als Überzug benutzt. Wird es nicht verdünnt, trocknet der Überzug sehr spannungsreich aus – ähnlich wie

Farbreste für den Kompost.

bei reinem Kaseinleim. Eier-Emulsionen sind widerstandsfähiger als Ölfarben und weisen auch eine grössere Farbtiefe auf.

Herstellung von Eitempera

Ein Vollei wird in ein Glas geschlagen, die Hagelschnüre entfernt und das Ei von Hand verquirlt und gut durchgeschüttelt. Das halbe Volumen des Eies an Öl (Leinöl, Leinölfirnis, Holzöl) dazugeben und nochmals für einige Minuten kräftig schütteln. Danach nochmals das halbe Volumen des Volleies an Dammarharz-Terpentinöl-Lösung beifügen und einige Minuten kräftig schütteln. (Dammarharz-Terpentinöl-Lösung besteht aus 1 Teil kaltlöslichem Dammarharz und 2 Teilen Terpentinöl.) Die so hergestellte Eitempera ist unter Luftabschluss bis zu einem Jahr haltbar. Sie kann zum Verarbeiten jeweils mit Wasser verdünnt werden. Wer sich die Schüttelei ersparen will, benützt einen Mixer mit Quirl oder eine Bohrmaschine mit Farbquirl. Je nach Wunsch können der Eitempera Pigmente eingerührt werden.

Ölfarben, oder: Quäle den Pinsel und nicht die Farbe

Ölfarben ergeben gute und bewährte Anstriche auf Holz im Innen- und Aussenbereich. Das Bindemittel ist Leinöl, das Öl des Flachses. Leinöl hat bauphysikalisch und maltechnisch hervorragende Eigenschaften, ökologisch ist es unbedenklich. Ein Leinölmolekül ist etwa 50mal kleiner als die Plastikbindemittel der Kunststofffarben. Durch die geringe Molekülgrösse haben Leinölanstriche eine sehr gute Haftung und ein hohes Diffusionsvermögen. Die Tatsache, dass statt Lein(öl)farben Kunstharzfarben als Fensteranstriche verwendet wurden, war der eigentliche Grund dafür, dass die Haltbarkeit der Holzfenster in Verruf kam!

Für Ölfarbe wird Leinölfirnis mit Pigmenten angerührt. Leinöl allein hat eine relativ lange Trockenzeit von bis zu 14 Tagen. Werden dem Leinöl Trockenstoffe wie Kobalt oder Mangan zugesetzt, erhalten wir Leinölfirnis. In früheren Zeiten wurde zur Verbesserung der Trockenfähigkeit dem Leinöl feingemahlener Bernstein zugesetzt. Zur besseren Streichfähigkeit muss Ölfarbe entweder erhitzt oder verdünnt werden (Balsamterpentinöl, Orangenschalenöl). Besonders in Innenräumen empfiehlt es sich, auf Lösungsmittel zu verzichten. Die Ölfarbe wird dann zur Verbesserung der Streichfähigkeit im Wasserbad auf etwa 40 bis 60 °C erwärmt. Mit einem Liter Leinölfarbe müssen mindestens 20 Quadratmeter Fläche gestrichen werden. Bei einem zu grosszügigen Umgang mit der Farbe entstehen besonders auf senkrechten Flächen Farbgirlanden. Eine alte Malerregel lautet: Quäle den Pinsel, nicht die Farbe. Ölfarbe trocknet zuerst physikalisch durch Verdunsten der Lösungsmittel, dann chemisch durch Sauerstoffaufnahme. Dadurch nimmt das Volumen um 15 bis 20% zu. Bei zu dickem Farbauftrag kommt es daher zu Runzelbildung. Durch den Zusatz von etwa 5% Standöl erhält die Farbe einen strichfreien Verlauf. Im Aussenbereich sollte der Standölzusatz auf 15 bis 20% erhöht werden. In der Praxis bewährt hat sich ein Gemisch aus Leinöl, Holzöl und Standöl.

Ein guter Naturharzlack lässt sich durch die Zugabe von vorher in Terpentinöl gelöstem Dammarharz oder Kolophonium-Glyzerinester herstellen. Die Ölfarbe trocknet dadurch härter aus.

Leinöl kann relativ viele Pigmente binden. Als Faustregel kann man für eine gut deckende Ölfarbe ein Pigment-Bindemittel-Verhältnis von 1:1 angeben. Die Pigmente rührt man zuerst mit einer geringen Menge Öl zu einer zähen Paste. Dabei reiben sich die Pigmente aneinander und werden besser mit dem Öl benetzt. Wenn die Pigmente nicht genügend angerieben sind, wird die Farbe körnig und griesig.

Der Aufbau eines Anstrichs auf unbehandeltem Holz muss immer von Mager nach Fett verlaufen, wobei Mager viel Pigment und wenig Öl (Bindemittel) heisst; Fett bedeutet folgerichtig viel Öl und wenig Pigment.

Ein Beispiel für eine magere Ölfarbe wäre 100 g Goldocker, Siena oder Umbra in 100 g Öl. Solch eine magere Farbe dient als Vorstreichfarbe. Das Verhältnis bei einer fetten Ölfarbe ist beispielsweise 10 g Ocker auf 100 g Öl. Dazwischen sind verschiedene Abstufungen möglich. Unbehandeltes Holz wird zuerst mit Halböl grundiert. Der Zwischenanstrich erfolgt mit einer mageren Ölfarbe, der zweite Zwischenanstrich mit halbfetter und der letzte Deckanstrich mit fetter Ölfarbe. Am beständigsten sind fette, glänzende Anstriche. Beim Renovierungsanstrich wird immer nur der letzte, fette Anstrich wiederholt. Vor jedem neuen Anstrich muss der letzte leicht angeschliffen werden.

Wichtig: Mit Leinöl getränkte Auftragstücher und Putzlappen im Freien völlig trocknen lassen oder in einem geschlossenen Blechbehälter aufbewahren, da Selbstentzündungsgefahr besteht!

Für Farben zum Selbermachen, Verfahren
mit natürlichen und ungiftigen Rohstoffen,
Fachberatung, Lieferung frei Haus:
Kreidezeit, Gerd Ziesemann, Beyesberg 8,
D-3201 Sehlem, Telefon 0 50 60/61 97.
Schweiz:
Carlo Vagnières, Riedmattstrasse 8,
CH-8055 Zürich, Telefon 01/463 72 00.

Werkstoffübersicht

Öle

Leinöl
: Ausgepresste Leinsamen (Flachs).

Leinölfirnis
: Leinöl mit Trockenstoff (früher Bernstein). Da Leinöl eine relativ lange Trocknungszeit von bis zu 14 Tagen hat, werden ihm bis maximal 3% Trockenstoffe zugegeben. Das so vorbereitete Leinöl heisst *Leinölfirnis* und hat eine Trocknungszeit von ca. 24 Stunden.

Leinölstandöl
: Lange gestandenes Leinöl; durch das lange Stehen wird das Leinöl voroxidiert und eingedickt.

Holzölstandöl
: Das ausgepresste Öl einer walnussähnlichen Frucht des Tung-Baumes (China, Südamerika). Es verbessert die Wetterbeständigkeit von Ölfarben wesentlich (früher Bootslack).

Sonnenblumenöl
: Aus Sonnenblumenkernen gewonnenes nicht gilbendes, langsam trocknendes Öl.

Natürliche Lösungsmittel

Balsamterpentinöl
: Die klebrigen Rückstände an unserem Weihnachtsbaum sind zu etwa 80% Kolophonium

und zu 20% Terpentinöl. Portugiesisches Balsamterpentinöl ist das ungiftigste der Terpentinöle.

Orangenschalenöl
Aus Orangenschalen gewonnen.

Harze und Wachse

Dammar
Das hellste natürliche Weichharz. Es ist blassgelblich und stammt aus Indonesien.

Schellack
Von indischen Lackschildläusen produziert. Schellack ist ein alkohollösliches Bindemittel und hat eine sehr starke Isolierwirkung.

Carnaubawachs
Das härteste Pflanzenwachs.

Kolophoniumglycerinester
Mit Glycerin verkochtes Kolophonium. Durch Zugabe dieses in Terpentinöl gelösten Esters zu Leinöl erhält man einen Lack.

Wässrige Bindemittel

Kasein
Ein Bestandteil der Milch. Durch chemische Umwandlung (Aufschluss) mit Alkalien lässt sich Kaseinleim herstellen.

Wasserglas
Mit Pottasche gekochter Quarzsand. Ein wasserverdünnbares Bindemittel, das wasserunlöslich auftrocknet.

Sumpfkalk
Gelöschter Kalk, der mit Wasser eingesumpft in Gruben möglichst lange gelagert wird.

Pigmente/Hilfsstoffe

Alaun
Wasserlösliches, kristallines Pulver, das aus Alaunerde oder Alaunschiefer (Eifel) gewonnen wird. Es verfestigt Untergründe, vermindert die Saugwirkung von Putzen und neutralisiert Ätzkalkreste.

Borax
Ungiftiges Alkalisalz, ähnlich dem Kochsalz, das zum Aufschluss von Kasein verwendet wird.

Kieselgur
Diatomeenerde (Skelette abgestorbener Kieselalgen), leichter Füllstoff für Spachtelmassen und Farben.

Porzellanerde
Tonhaltiges Aluminiumsilikat, dient zur Verbesserung der Oberflächenstruktur.

Erdpigmente (anorganisch)
roter und gelber Ocker
Terra di Siena
Umbra (verschiedene Färbungen)
Roter Bolus
Rötel
Kreide
Dolomit
Kieselgur
Porzellanerde

Tier- und Pflanzenpigmente (organisch)

Cassler Braun (vermahlene Braunkohle)
Indigo
Asphalt

Künstliche Mineralpigmente

Chromoxidgrün
Eisenoxidpigmente
Titandioxid
Ultramarinblau

Wohlbehagen durch richtiges Heizen

Die Wärme, die Sonnenstrahlen und das Feuer hatten in allen alten Kulturen besondere Bedeutung. Bei den Griechen war der Herd der Mittelpunkt des häuslichen Lebens. Bei der Hochzeit trug die Mutter der Braut das Feuer zum Herd des neuen Hauses. In Indien entzündete das neuvermählte Paar das heilige Feuer, vor dem es getraut wurde, anschliessend im eigenen Heim. Die altrömische Hypokaustenheizung brachte bereits vor mehr als 2000 Jahren ein steuerbares System der Wärmeverteilung. Mit dem Aufkommen der Warmwasserzentralheizung orientierte sich die Entwicklung dann einseitig an der Steuerung der Lufttemperatur. Die Bedeutung der Strahlungswärme für die Gesundheit wurde kaum noch erkannt. Verloren ging damit auch die innere Beziehung zur Heizung als Wärmequelle, die Wohlbehagen bringt. Die Überbewertung funktionaler und wirtschaftlicher Gesichtspunkte und das Verdrängen biologischer Gesetzmässigkeiten haben im Wohnungsbau zu Fehlentwicklungen geführt. Erst in neuerer Zeit wird bei der Heizungsplanung auch wieder die Frage nach der Wärmequalität und nach den möglichen Auswirkungen auf die Gesundheit gestellt.

Massiver, schön gestalteter Lehmofen.

Heutzutage können wir kaum mehr nachvollziehen, dass sich unser Körper gerade dann wohl fühlt, wenn wir uns im Haus nicht total gegen alle Umwelteinflüsse abschotten. Tages- und Jahreszeitenrhythmus, die relative Kühle des hereinbrechenden Abends und die Wärme des neuen Tages, das Werden und Vergehen der Natur sind Veränderungen, die das Leben reiz-voll machen. Beim Hausbau wird häufig der Ehrgeiz entwickelt, die natürlichen Schwankungen mit technischen Möglichkeiten auszugleichen: Durch uniforme Temperaturen heben wir Tages- und Jahreszeiten auf, und ein kontrolliertes, standardisiertes Innenklima, das garantiert von den Schwankungen des Wetters unabhängig macht, gilt als Krönung der Haustechnik. Wir müssen wieder lernen, die Wechselbeziehungen zwischen Wärmequalität, Wohlbefinden und Gesundheit zu beachten.

Ein Haus sollte idealerweise nicht nur mit Strahlungswärme geheizt werden, sondern selbst ein Strahlungssystem darstellen. Die Wärmever-

Schöner Lehmgrundofen mit Kalkkasein-anstrich.

teilung geht dabei vom Zentrum aus, so dass sich in einer Art Wärmehierarchie verschieden temperierte Räume bilden. Ein solches Haus öffnet sich zur Sonne, nützt diese ohne technischen Aufwand in einer sinnvollen Warmluftzirkulation. Die Orientierung eines Hauses gegen Süden, zur Sonne, ist nicht nur aus energetischen Gründen erwünscht. Das Licht weist hier ganz besondere Qualitäten auf, die Stimmung und Ambiance prägen. Die Behaglichkeit wird durch Licht und Farben wesentlich mitgeprägt. Unbestritten ist auch der Einfluss einer guten Durchsonnung auf Luft und Raumklima. Sonnenstrahlen wirken auf natürliche Weise desinfizierend und geruchsneutralisierend. Auch trägt die Sonne zum psychischen und physischen Wohlbefinden bei.

Ein Vergleich zwischen der traditionellen Kachel-, Lehm- oder Grundofenheizung und einer neuzeitlichen Zentralheizung zeigt, dass letztere bei fast gleicher Kerntemperatur des Hauses das Zwei- bis Dreifache an Energie verbraucht, da die Wärme direkt an die kühlen Aussenwände geführt wird, um so ein vermeintliches Ungleichgewicht zum warmen Kern aufzuheben. Die neuzeitliche Lösung lässt die Wärmeverluste ausser acht, während die traditionelle in einem natürlichen Kreislauf davon Gebrauch macht – mit dem Ofen als Zentrum des Hauses.

Heizen – was bedeutet das?

Sinnvolles Heizen bedeutet das optimale Umsetzen eines Energieträgers – in unserem Falle Holz – in Wärmeenergie bei möglichst geringer Schadstoffentwicklung. Wärme und Behaglichkeit sind aber nicht nur eine Frage technischer Definitionen. Wir erinnern uns gern an die anheimelnde Ausstrahlung des Lagerfeuers, an den

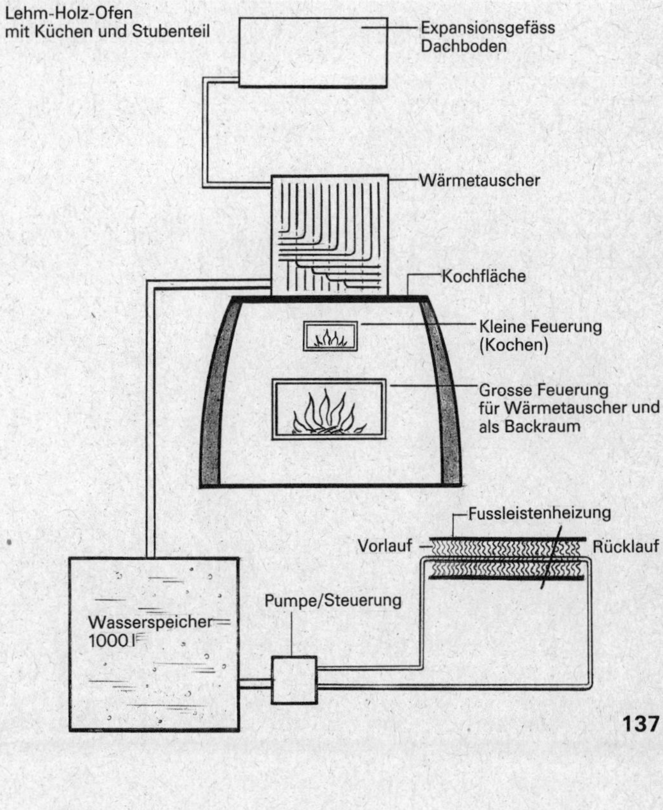

Duft brennenden Holzes und des Kartoffelkrauts. Wärme und Feuer haben also immer auch emotionale Qualitäten.

In der Regel ist ein gesundes, menschengerechtes Wärmekonzept auch einfach. Ob wir dies nun naturgerechte, baubiologische oder ökologische Architektur nennen: Überzeugende Lösungen kommen immer dann zustande, wenn eine natürliche Raumklimatisierung ohne viel Fremdenergie und Installationstechnik erreicht wird. Das bedeutet auch, die technologischen Anforderungen an Baustoffe immer an ihren biologischen Qualitäten zu messen. So gesehen können hochgedämmte Häuser, die sich tagsüber der Sonneneinstrahlung verschliessen, weder Energiesparer sein, noch Wärmequalität für die Bewohner bringen.

Was zeichnet eine gute Strahlungsheizung aus?

Es gibt viele Möglichkeiten, mit einem Heizsystem gesunde Strahlungswärme zu erzeugen. Grundsätzlich lassen sich horizontale und vertikale Heizflächen unterscheiden. Der Nachteil der öfter anzutreffenden Fussbodenheizung liegt zum einen darin, dass man ihr nicht ausweichen kann; auch ist die Kontaktwärme (Wärmeleitung) über die Füsse je nach Bodentemperatur gesundheitlich problematisch, denn über die Füsse sollte sich der Mensch entwärmen. Zum anderen steht bei der Fussbodenheizung die strahlende Fläche und der zu bestrahlende Mensch im ungünstigen rechten Winkel zueinander.

Senkrechte Heizflächen befinden sich dagegen parallel zum Menschen. Kachel- und Lehmöfen, Heizwände und Hypokausten bieten mit ihren vertikalen Strahlungsflächen den wesentlichen Vorteil, dass der Nutzer seinen Abstand zu ihnen selbst bestimmen kann. Sie schaffen Wärmehierarchien, lösen also auch das Problem unterschiedlicher Wärmebedürfnisse der Bewohner eines Hauses. Vermieden wird auf diese Weise

die Klimamonotonie. Richtig ausgelegte Strahlungsheizungen sorgen für behagliche Oberflächentemperaturen im Raum anstelle hoher, gleichmässiger Lufttemperatur, welche kühle Oberflächen ausgleichen muss.

Grundöfen – einfach und überzeugend

Früher bestand ein Heizkonzept oft nur darin, dass über dem zentralen Ofen eine Klappe angebracht war, die bei Bedarf geöffnet wurde.

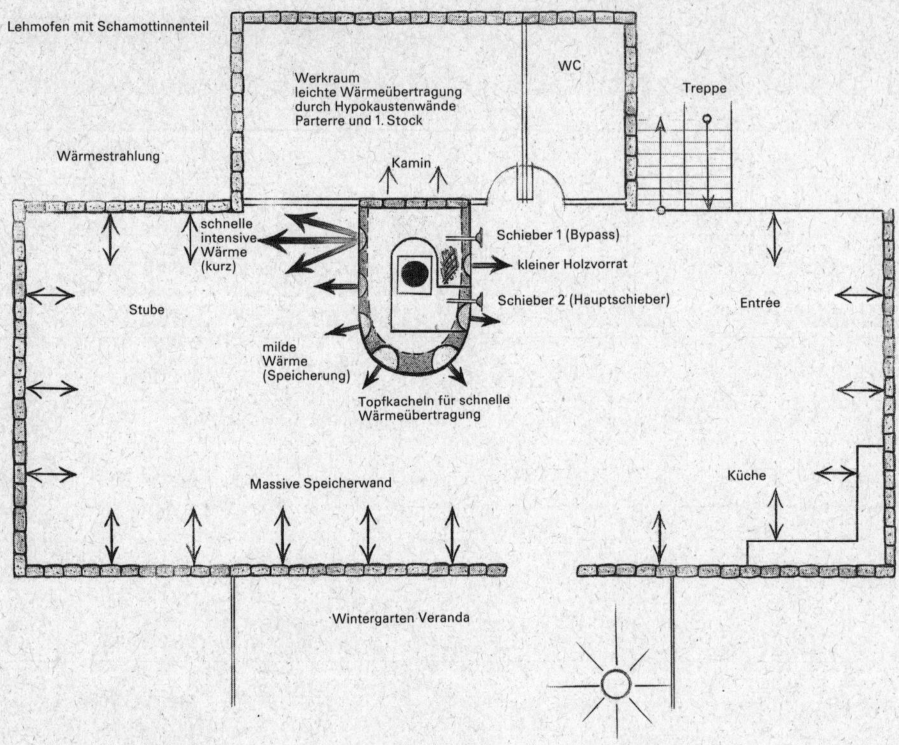

Nichts spricht dagegen, dieses Prinzip auch heute noch anzuwenden. Es kann mit den heutigen technischen und architektonischen Gestaltungsmöglichkeiten sogar vielseitig variiert und den Anforderungen unserer Zeit entsprechend gestaltet werden. Einfachste Heizsysteme lassen sich aber auch durchaus an individuelle Bedürfnisse anpassen und bedienungsfreundlich auslegen. Damit wird auch deutlich, dass ein zentraler Ofen im Haus in der Regel kein Fertigprodukt sein kann, sondern vom Konzept bis zur fertigen Gestaltung erst geschaffen werden muss. Das gilt vor allem, wenn sehr konsequent nach durchdachten Lösungen gesucht wird, wie wir sie in diesem Buch vorstellen. In solchen Fällen wird vom Ofenbauer viel Einfühlungsvermögen in natürliche Abläufe, gepaart mit Gespür und handwerklichen Fähigkeiten, verlangt. Ein sinnvolles Wärme-/Heizkonzept gibt es nicht von der Stange; es muss vielmehr dem Charakter des Hauses, den Baustoffen und baulichen Vorgaben, aber auch den Wünschen und Ansprüchen der Bewohner entsprechen.

Die Kachel- oder Grundofenheizung braucht als typische Bedarfsheizung die Bereitschaft der Hausbewohner, sich dem Naturkreislauf anzupassen und aktiv etwas für den Wärmebedarf zu tun. Wichtig ist, dass niemand ein Heizkonzept wählt, das sich gegen seine Bedürfnisse und Möglichkeiten richtet. Als einzige Heizquelle ist der Kachelofen für ganztags Berufstätige unter Umständen fehl am Platz. Vom Anheizen bis zum Schliessen der Ofentür vergehen etwa 1 bis 1½ Stunden. Das kann im Winter morgens zu Zeitproblemen führen. Und die grösste Wärmeentwicklung erfolgt dann, wenn niemand zu Hause ist, um die gesunde Strahlungswärme zu nützen. Eine zusätzliche Fussleistenheizung ist in einem solchen Fall angebracht.

Die Fussleistenheizung

Als einfaches, für die Montage im Selbstbau gut geeignetes Zusatzsystem mit hohem Wärmestrahlungsanteil erweist sich die Fussleistenheizung. Auf den ersten Blick erscheint sie uns als reine Konvektionsheizung, sie bietet jedoch einige nicht zu übersehende Vorteile: Die Montage erfolgt an den Aussenwänden. Die aufsteigende Luft legt sich wie ein Wärmeschleier vor die Wände – es entsteht eine geringe Warmluftzirkulation an der Wand, die jedoch den Aufenthaltsbereich des Menschen nicht erfasst. Durch den an der Wand aufsteigenden Warmluftstrom wird die Oberfläche erwärmt. Diese Fläche bildet dann ein mildes Strahlungssystem, das sich vor allem zusammen mit gut wärmespeichernden Lehmwänden bewährt hat. Die Heizung wirkt schnell, ist energiesparend und preisgünstig. Sie lässt sich mit einem Wärmetauscher auch vom Kachel- oder Lehmofen aus betreiben.

Fussleistenheizung vor einer Lehmwand.

Vorteile und Nachteile der verschiedenen Heizsysteme

Konvektionsheizungen (Radiatoren)

Vorteile:

- Günstige, einfache Systeme
- versorgen auch weit auseinander liegende Räume gleichmässig mit Wärme
- gut regulierbar, arbeiten weitgehend automatisch
- hoher Bedienungskomfort, Wärme schnell verfügbar

Nachteile:

- Erwärmen die Raumluft, darum dauernde Luftumwälzung mit Staubaufwirbelung
- Luftbewegung (Konvektion) beeinflusst auch andere Wohnbedingungen negativ: statische Elektrizität, Gerüche, Kondenswasserbildung, trockene Luft
- hoher Lüftungswärmeverlust

Fussbodenheizungen

Vorteile:

- Ausgereifte Systeme mit grossflächiger Wärmeabstrahlung
- als Niedertemperaturheizung gut geeignet zur Kopplung mit Wärmepumpe und Solarsystemen

Nachteile:

- Erwärmt den Menschen dort, wo er sich entwärmen sollte: an den Fusssohlen (fördert Krampfadern)
- widerspricht der Forderung, wonach die Wärmestrahlung grossflächig vertikal, nicht horizontal erfolgen sollte
- beeinflusst das Raumklima ungünstig (trokkene Luft)
- geschlossene Wasserkreisläufe unter den Füssen
- starke horizontale Temperaturschichtung

Wandheizungen
Vorteile:
- Erfüllen in idealer Weise die Forderung nach grossflächiger, vertikaler Wärmestrahlung
- Es gibt mittlerweile eine Reihe bewährter Techniken, um die Qualität einer wärmestrahlenden Wand – mit Wasser oder Luft als Wärmeträger und mit zentraler Wärmeerzeugung zu verwirklichen

Nachteile:
- Grössere Mauerstärken nötig. Probleme bei nachträglichem Einbau
- Wandheizflächen dürfen nicht mit Möbeln verstellt werden.
- empfindliche Menschen reagieren auf geschlossene Wasserkreisläufe in den Wänden
- Luftsysteme häufig nur mit Ventilatoren möglich

Fussleistenheizungen
Vorteile:
- Einfache, günstige Systeme, die sich mit Wärmetauscher auch vom Kachelofen heizen lassen
- hoher Strahlungsanteil. Fussleistenheizungen werden an Aussenwänden montiert. Durch den an der Wand aufsteigenden Warmluftstrom wird deren Oberfläche erwärmt und bildet einen Strahlungsschleier.

Nachteile:
- Einwände gegen durchgehende Metall-Wärmeleitsysteme
- Aussenwände müssen frei bleiben

Kachel- oder Lehmgrundofen
Vorteile:
- Bewährte Form der gesunden Holzheizung mit hohem Strahlungsanteil
- schafft Wärmehierarchien (Bereiche unterschiedlicher Temperatur)
- grosse Wärmespeicherfähigkeit
- hoher Wirkungsgrad
- können aus der Küche beheizt werden

Nachteile:
- Grosses Gewicht (etwa 2 Tonnen)
- sollte mit dem Hausbau geplant werden; nachträglicher Einbau schwierig
- erfordert die Bereitschaft, aktiv etwas für den Wärmebedarf zu tun (kann auch als Vorteil gewertet werden)

Offener Kamin, Schwedenofen
Vorteile:
- Stimmungsvolle Atmosphäre, Behaglichkeit des offenen Feuers
- hoher Strahlungswärmeanteil

Nachteile:
- Geringer Wirkungsgrad
- kein oder geringes Speichervolumen
- gesundheits- und umweltschädigende Rauchgase

Kaminöfen, Specksteinöfen
Vorteile:
- Es lassen sich ein oder mehrere Räume beheizen
- nachträglich einbaubar und transportierbar
- vertretbare Wirkungsgrade
- Speckstein hat gutes Speichervermögen bei niedrigen Oberflächentemperaturen

Einschränkungen:
- Alle transportablen oder nachträglich eingebauten Einzelöfen sind Kompromisse. Heute gibt es jedoch ausgereifte Systeme mit hohen Verbrennungstemperaturen und vertretbaren Wirkungsgraden.

Holzzentralheizungen
automatische Holzfeuerungen
Vorteile:
- Annähernd schadstofffreie Verbrennung durch Rauchgasreinigung
- hohe Verbrennungstemperatur
- Verbrennung von Hackschnitzeln, Stroh, Rindenpellets usw. möglich
- komfortabel in der Bedienung

Nachteile:
- Wärmeerzeugung im Keller mit relativ grossem Platzbedarf und technischem Aufwand
- periodischer Service nötig
- hohe Investitionskosten

Badewanne aus Naturholz – Balsam für die Haut

Bei der Ausstattung des Badezimmers im Lehmhaus werden mit Vorteil eingetretene Pfade verlassen. Warum sich also nicht für eine massive Holzbadewanne, in überlieferter Küfertradition von Hand gefertigt und aus bestem heimischem Eichenholz hergestellt, entscheiden? Die Innenseiten der 4 cm starken Wände sind in aufwendiger Arbeit von Hand gehobelt, wodurch eine besonders glatte und schmutzabweisende Oberfläche entsteht. Die Bodennut wird nach alter Tradition zusätzlich mit Binsen abgedichtet. Industriell hergestellte Holzbadewannen werden mit einer Zweikomponentenlackschicht ausgerüstet. Eine solche Oberflächenversiegelung ist auf die Dauer den auftretenden Holzbewegungen nicht gewachsen. Die Naturholzbadewannen werden naturbelassen oder mit einer Livos-Rezeptur geölt geliefert. So kann das Eichenholz etwas aufquellen und anschliessend wieder völlig abtrocknen. Zudem werden geringe Mengen von Gerbsäure an das Badewasser abgegeben, die eine desinfizierende Wirkung ausüben.

Naturholzbadewannen sind leicht zu reinigen. Es bilden sich keine hartnäckigen Schmutzränder wie in emaillierten oder lackierten Wannen, denn Holz lädt sich nicht statisch auf. Hinzu kommt die gute wärmeisolierende Wirkung des Holzes, durch die das Badewasser erheblich länger warm bleibt.

Der Anschluss ist einfach und erfolgt über den mitgelieferten Ablauf inklusive Siphon an die Hausinstallation. Mit Hilfe der Spannschlösser können – falls erforderlich – jederzeit die Reifen leicht nachgestellt werden.

Eichenholzbadewanne mit holzbefeuertem Boiler.

Hersteller: Bodensee Ökohaus, Bündtstrasse 7, D-7768 Stockach-Espasingen, Telefon 0 77 71/6 12 05

Kosten: Kleine Eichenholzbadewanne
120 × 60 × 60 cm DM 1450,–

Grosse Eichenholzbadewanne
155 × 70 × 70 cm DM 2850,–

Komposttoilette – oder: CC statt WC

Das «Water Closet» (WC), im ausgehenden 19. Jahrhundert ein wichtiger Hygieneschritt zur Eindämmung von Seuchen, erweist sich heute je länger je mehr als Hypothek. Der verhängnisvolle Kreislauf besteht darin, dass das mehr oder weniger gut geklärte Abwasser unserer Toiletten früher oder später mit dem Grundwasser in Berührung kommt, womit sich der Bogen zwischen Ausscheidung und Trinkwasseraufnahme schliesst. In unvorstellbaren Mengen wird kostbares Trinkwasser zur Beförderung unserer Stoffwechselprodukte von der Toilette zum Klärwerk verwendet. Durchschnittlich werden auf diese Weise etwa 20 000 Liter Trinkwasser pro Person und Jahr hochgradig verunreinigt.

Die Devise lautet also CC statt WC – Compact-Komposttoilette statt Water Closet!

Auch eine Regenwassersammelanlage erweist sich insgesamt als sinnvoller und ausgewogener, wenn nicht nur Wasser eingespart, sondern auch weniger stark verschmutztes Wasser produziert wird. Es drängt sich also eine Kombination mit einer Komposttoilette auf. Die ersten Überlegungen zu einer umweltgerechten Entsorgung der Toilettenabfälle wurden bereits 1939 gemacht. Da es sich jedoch immer um private Initiativen mit beschränkten Möglichkeiten handelte, gab es bis vor kurzem kaum ein praxisreifes System, das bei vertretbarem Platzanspruch und akzeptablem Aufwand gut funktionierte.

Nach achtjähriger Erprobung und Forschung bietet nun die holländische Stiftung De Twaalf Ambachten eine Compact-Komposttoilette (CC) an, die direkt im Toilettenraum, ja sogar auf Hausbooten oder in Wohnwagen installiert werden kann. Die Toilette hat sich in Einfamilienhäusern wie im Siedlungsbau bewährt, und es besteht ein Forschungsauftrag, um die CC in die Wagen der Deutschen Bundesbahn einzubauen.

Durch ein spezielles Kammersystem mit Schottwänden für die aufeinanderfolgenden

Holländische Compact-Komposttoilette (CC) mit ausgeklügeltem Kammersystem.

Zersetzungsstufen sowie einen Abluftkamin ist ein aerober Kompostiervorgang im Gegensatz zum vorwiegend anaeroben Zersetzungsprozess in Klärgruben gewährleistet. Aerobe, also unter Einfluss von Sauerstoff stattfindende Verrottungsprozesse wie im Komposthaufen sind erheblich leistungsfähiger, weniger geruchsintensiv und verlaufen ohne bedeutenden Flüssigkeitsanfall. Alle sechs Monate wird die Komposttoilette um 90° gekippt, wodurch sich die Masse im Innern in die nächste Kompostierabteilung bewegt. Eine ständige Vermischung frischen Materials mit dem in der Verrottung fortgeschrittenen wird so vermieden.

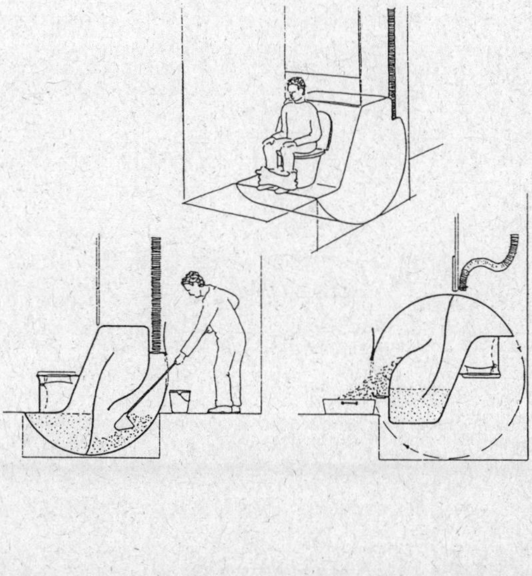

Das kleinste Modell ist für eine bis vier Personen ausgelegt und hat die Aussenmasse von 90 cm Breite, 92 cm Höhe, 165 cm Länge. Es wird nach etwa ein bis eineinhalb Jahren entleert. Die gut verrottete, humose Masse ist nahezu geruchlos und kann unbedenklich als Blumendünger verwendet werden. Aus bakteriologisch-hygienischer Sicht könnte dieser Kompost auch grundsätzlich als Dünger für Nährpflanzen dienen, doch scheint uns hier der Kreislauf innerhalb der Nahrungskette zu klein.

Nähere Angaben bei Bodensee Ökohaus,
Heinz-Jürgen Gerke, Designer grad. und
Baubiologe, Bündtstrasse 7, D-7768 Stockach-Espasingen, Telefon 0 77 71/6 12 05.
Dort kann auch eine ausführliche Selbstbauanleitung (DM 50,– inkl. MwSt. und
Verpackung)
bestellt werden.

Literatur: Claudia Lorenz-Ladener:
Kompost-Toiletten. Wege zur sinnvollen
Fäkalien-Entsorgung, Ökobuch Verlag,
Staufen bei Freiburg.

Baustoffrecycling – ein sinnvoller Beitrag zum ökologischen Bauen

Baufachleute staunen immer wieder darüber, wie gut historische Baustoffe nach Jahrhunderten noch erhalten sind. Man hat sich in Fachkreisen schon damit abgefunden, dass Betonbauten nach ungefähr 20 Jahren saniert werden müssen, Flachdächer in der Regel alle 5 Jahre. Es ist jedoch wenigen Fachleuten bekannt, dass die Bauindustrie einer der grössten Müllproduzenten ist, mit einem hohen Anteil an Sondermüll: So müssen Polystyrolschaumplatten, Kunststofffenster, mit Lacken und Kunststoffen beschichtete Bauhölzer in der Giftmüllverbrennungsanlage «entsorgt» werden. Die meisten modernen Baustoffe können nicht dem Recycling zugeführt

Wiederverwenden statt verschwenden: Alte Fenster warten auf den Einbau.

werden, da sie nach dem Ausbau zu stark verunreinigt sind. Somit ist es die Pflicht jedes Bauverantwortlichen, dafür zu sorgen, dass nur saubere, wiederverwertbare Baustoffe eingebaut werden, die den Naturhaushalt und die Gesundheit in keiner Weise belasten.

Unsere Vorfahren bauten in der Regel mit den am Ort vorkommenden Naturbaustoffen, wie Natursteinen, Holz, Kalk, Gips, Glas, Tondachziegeln, offenporigen Feldbranntsteinen und Tonbodenplatten, Lehm und Stroh. Farbe wurde aus Leim, Kreide, Erdpigmenten oder Sumpfkalk hergestellt. Hölzer wurden mit Leinölfarben oder Bienenwachs behandelt.

Beim Abbruch solcher «Naturhäuser» werden aus Unwissenheit die besten Baustoffe auf die Deponie gebracht: alte, handgestrichene Dachziegel, alte Massivholzdielenböden, kunstvoll gestaltete Holz- und Steintreppen, schöne Klappläden, Innen- und Aussentüren aus Massivholz, alte Holzfenster mit herrlichen Beschlägen, gut erhaltenes, handgebeiltes Holzgebälk aus Eiche und Weichhölzern, handgemachte Feldbranntsteine, Natursteinpflaster aus Granit, Sandstein, Rheinkieseln, Bruchsteinmauerwerk aus Sandstein, Granit, Kalkgestein, Basalt usw. und alte Kachelöfen und Grundöfen.

Jährlich besuchen Millionen Menschen unsere Freilichtmuseen und freuen sich über die Ästhetik der einfachen, bäuerlichen Architektur. Historische Möbelstücke in der modernen Wohnung zu haben, gehört zum Prestige – wer würde schon den alten Eichenschrank der Grossmutter auf den Müll werfen? Das alte Fachwerkhaus der Grossmutter ist jedoch im Wege und kommt auf die Abfalldeponie, da man Parkplätze für Auto und Zweitauto benötigt oder die Dorfstrasse erweitert wird.

Denkmalpfleger und Bauherren wenden sich mittlerweile beim Abbruch historischer Gebäude an die Adresse kompetenter Baustoffrecyclingfirmen. Viele gut erhaltene Baustoffe werden mit grossem Arbeits- und Zeitaufwand sanft geborgen, zwischengelagert und auf dem freien Baumarkt wieder angeboten. Einige Firmen haben sich auf den Wiederaufbau historischer Fachwerkhäuser spezialisiert und bieten Fachwerkhäuser aus hervorragender, alter Eiche zum Festpreis an: auf dem Firmenbauhof wird das alte Gebälk restauriert und mit altem Gebälk ergänzt, komplette Wandelemente werden dann an der Baustelle innerhalb weniger Tage aufgebaut. Obligatorisch sind dann die Dachdeckung mit historischen Handstrichziegeln, alte Massivholzdielenböden, Ausfachungen mit modernen Lehmbautechniken, Einbau von Kastendoppelfenstern und alte Tonbodenplatten.

Die Gründe, weshalb alte Handstrichziegel oder Feldbranntsteine selbst nach über 100 Jahren gut erhalten sind, sind sehr vielfältig: Bei der Herstellung wurde nur gutes Quellwasser verwendet, die Brenntemperatur war sehr niedrig (500–800 °C), und der Lehm wurde sehr intensiv aufbereitet und nur wenig verdichtet, weshalb die Ziegel als offenporig zu bezeichnen sind; sie lassen Wasserdampf gut durch und sind trotzdem frostsicher. An vielen Baustellen wurden deshalb alte Biberschwanzziegel mit Erfolg als Fussbodenbelag eingebaut (Verlegung in Trasskalkmörtelbett).

Weitere Informationen: Ökologie in der Regio,
Metzgergasse 6, D-7814 Breisach,
Telefon 0 76 67/71 90, Fax 0 76 67/8 03 25

Regenwasser sammeln – eine Forderung der Zeit

Nach der Studie «Global 2000» ist Wasser von allen Ressourcen am stärksten gefährdet. Es ist daher selbstverständlich, dass zum ökologischen Bauen und Wohnen im Lehmhaus auch eine Regenwassersammelanlage gehört, die Waschmaschine, Toilette und Dusche mit Wasser speist und über einen Aussenhahn die Gartenbewässerung sicherstellt.

Wichtig ist, dass die Planung der Wassertanks bereits in der Bauphase geschieht. Auch für Regenwasser gilt: kühl und dunkel lagern und vor Verkeimung schützen. Ein Regenwassertank von 6000 Litern – als Norm für eine Familie – wird vorzugsweise bereits mit dem Aushub der Baugrube eingebaut. Grundsätzlich ist aber auch ein späterer Einbau im Keller oder freistehend möglich. Im übrigen lassen sich auch sehr einfache Anlagen selbst bauen. Über die technischen Details, Sicherheitsvorschriften, DIN-Normen usw. gibt die empfohlene Literatur ausführlich Auskunft. Firmenadressen finden Sie im Alternativen Branchenbuch.

Zwei Tips zum Schluss: Verschiedene Bundesländer subventionieren Regenwassersammelanlagen. Der notwendige Überlauf muss nicht zwingend der Kanalisation zugeführt werden. Hier ist die Phantasie gefordert: Es lassen sich Überlaufbecken, Fliesslandschaften, Kaskaden und ähnliches gestalten. Wo Platz vorhanden ist, kann man sich sogar von römischen Wasserviadukten inspirieren lassen.

Literatur: Nutzung von Regenwasser.
Hessisches Ministerium für Umwelt und Energie, Mainzer Strasse 80, 6200 Wiesbaden.

Wolfgang Bredow: Regenwassersammelanlage, Ökobuch Verlag, Staufen bei Freiburg.
Alternatives Branchenbuch, Stichworte: Regenwassersammelanlagen, Wasserspartechnik, Ausgabe D und CH, Altop Vertriebs- und Verlagsgesellschaft, Gotzinger Strasse 48, D-8000 München 70.

Aufbau einer Regenwasseranlage

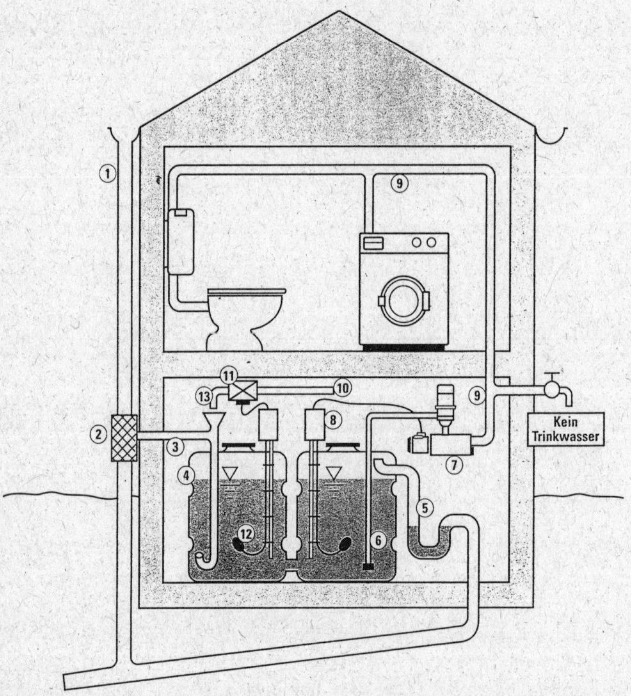

1 Fallrohr-Dachrinne
2 Filtersammler (ohne Fallrohrsieb, Filtertopf)
3 Zuleitung
4 Speicher
5 Überlauf mit Geruchsverschluss
6 Saugleitung
7 Hauswasserstation
8 Trockenlaufschutz
9 Regenwasserleitungsnetz
10 Trinkwasserleitung
11 Magnetventil
12 Schwimmerschalter
13 Freier Auslauf für Trinkwassernachspeisung

Zukunftsprojekte mit Lehm

Kindertagesstätte in Solararchitektur mit Lehm

Die Solararchitektur hat den einst modernen Glashäusern zu einer neuen Renaissance verholfen. Auf experimentellem Weg hat besonders die Tübinger Architektengruppe LOG ID wichtige Erfahrungen gesammelt. Sechs Jahre wohnten und arbeiteten die Mitglieder zusammen mit immergrünen subtropischen Pflanzen in einem normalen Gewächshaus. Die grüne Solararchitektur geht davon aus, dass ein mit Wärmespeicherwänden ummauerter Wohnkern, mit einem bepflanzten Gewächshaus gekoppelt, praktisch ganzjährig bewohnbar ist. Neben den handfesten Vorteilen durch das Nutzen der passiven Sonnenenergie führt die Symbiose von Pflanzen und Menschen dank der erhöhten Sauerstoffzufuhr und Staubbindung zu einer gesteigerten Lebens- und Wohnqualiltät. Und ein weiterer, nicht zu unterschätzender Vorteil: Durch ein Zusammenlegen von Wohnung/Aufenthaltsraum und Garten können Grundstücke wesentlich besser genutzt werden, womit auch der Zersiedlung entgegengewirkt wird.

Für die Stadt Frankfurt am Main plant das Architekturbüro LOG ID Tübingen eine ungewöhnliche Kindertagesstätte mit einem grossen Glashaus in Holzkonstruktion mit Lehmwänden. Da das innerstädtische Grundstück sehr klein und die Luft zum Atmen in der Regel schlecht ist, werden die Freiräume und Spiel-

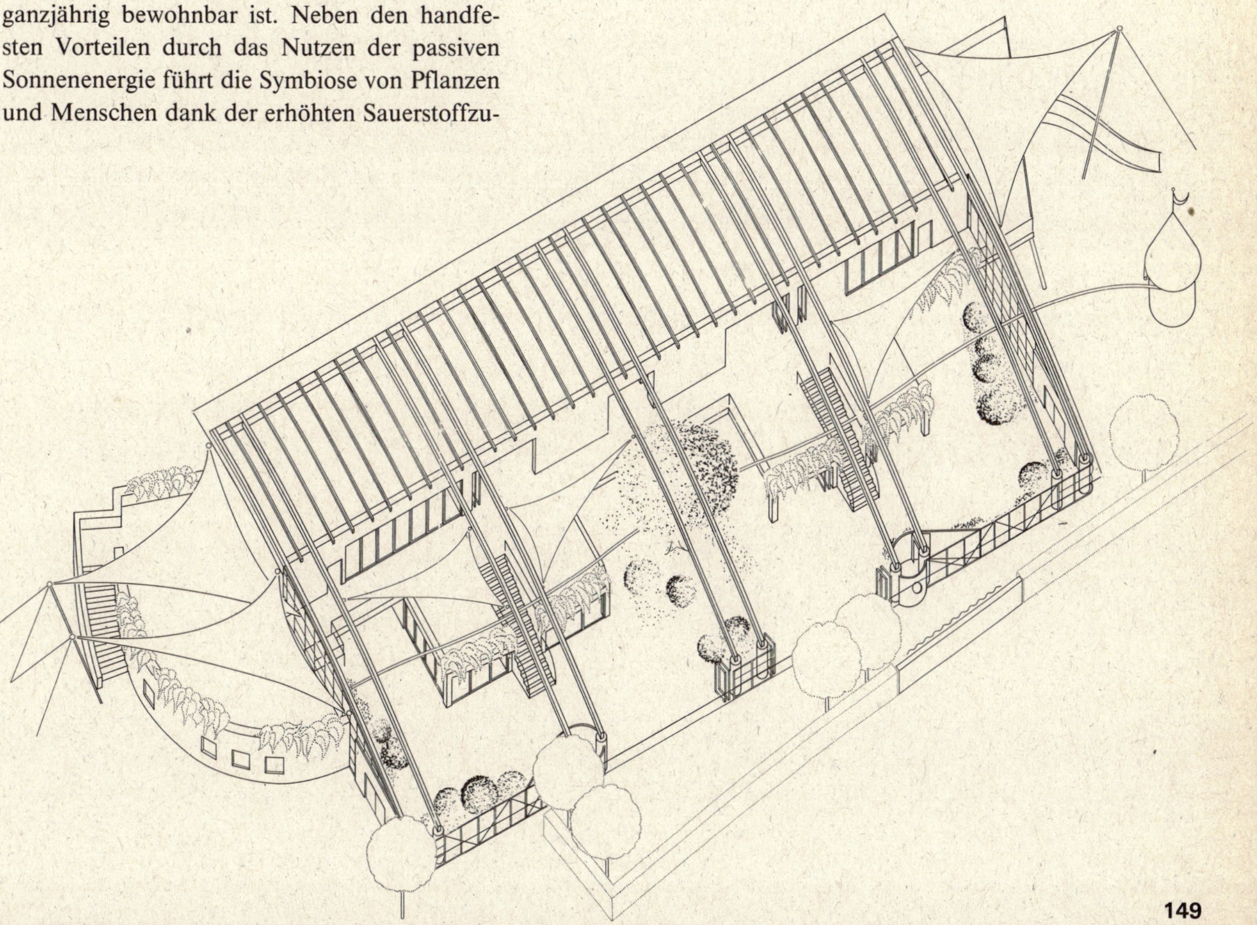

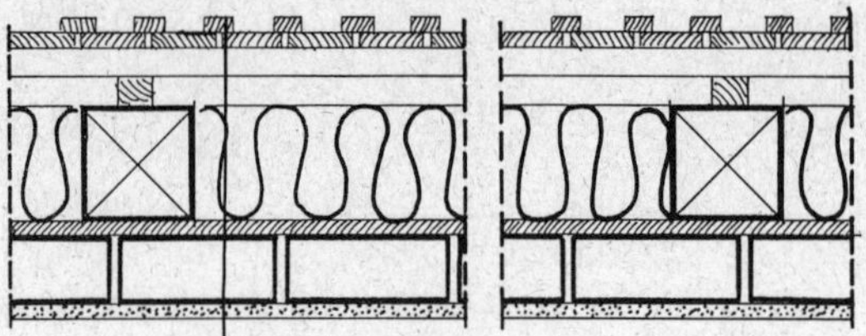

Holzschalung
Konterlattung
Hinterlüftung
Dämmwolle
Hartfaserplatte
Massivlehmziegel
Lehmputz, zweilagig

plätze in das grosszügige Glashaus verlegt. Zur Regulierung des Raumklimas tragen viele Pflanzen bei, aber auch die Zwischenwände aus Massivlehm. Die gut wärmegedämmten Aussenwände erhalten eine Vormauerung im Innenbereich mit Lehmziegeln. So sorgen etwa 150 Tonnen Massivlehmziegel für gute Wärmespeicherung und regulieren zusammen mit den vielen Pflanzen das Raumklima im Glashaus. Moderne Architektur mit Lehm – eine interessante Symbiose.

Weitere Informationen: Architekturbüro LOGID, Dieter Schempp, Sindelfinger Strasse 85, D-7400 Tübingen, Telefon 0 70 71/4 22 74 oder 4 59 39.

Sozialer Wohnungsbau einmal anders: Fünfgeschossiges Mietshaus mit Lehm am Bodensee

Viele Gemeinden sind finanziell nicht mehr in der Lage, ihre Probleme im Mietwohnungsbau selbst in die Hand zu nehmen. Mieter von Sozialwohnungen müssen aus ihren bisher preiswerten Sozialwohnungen ausziehen, da diese nach zehn Jahren auf dem freien Markt verkauft werden. In Deutschland wird der Bau von Sozialwohnungen durch hohe steuerliche Abschreibungen, die für Kapitalanleger attraktiv sind, stark gefördert. Heute sind Kapitalanleger im Mietwohnungsbau sensibler geworden – sie wissen, dass ein «Betonbunker» sich in zehn Jahren nicht sehr gut verkaufen lässt, und steigen um auf die zukunftsträchtige biologische Bauweise.

In Pfullendorf im Bodensee-Hinterland plant der lehmbauerfahrene Architekt Michael Nothhelfer für verantwortungsbewusste Bauträger mehrere bis zu fünfgeschossige Mietshäuser in Lehm-Elementbauweise: Die Aussenwände werden in Holzrahmenbauweise, ausgesteift mit diagonaler Holzverschalung, als Elemente aufgebaut und mit Schilfrohrplatten gedämmt. Innen wird anschliessend eine Strohlehmwand mit vorgefertigten Strohlehmziegeln vorgemauert. Aussen folgt eine Schilfrohrmatte, die als Putzträger für den Kalkaussenputz dient. Alle Ständerinnenwände werden mit Massivlehmziegeln ausgemauert und erhalten einen zweilagigen Lehm-

Lehmputz, zweilagig (mit Juteeinlage), 15 mm
Strohleichtlehm-Elemente, 160 mm
Schilfrohrmatten, 120 mm
Diagonal-Holzverschalung, 24 mm
Schilfrohrmatte (Putzträger), 20 mm
Kalkputz, 20 mm

Südseite des fünfgeschossigen Mietshauses in Lehm-Elementbauweise.

putz. Die Holzbalkendecken erhalten Massivlehmfüllungen und werden in Elementbauweise ausgeführt.

Eines ist jetzt schon gewiss, die Bewohner werden sich in ihrem Haus wohl fühlen. Die Lehmbauentwicklung wird in Zukunft dahin tendieren, wo sie längst schon hingehört: in den Siedlungsbau mit mehrgeschossigen Häusern.

Informationen: Ökologie in der Regio – Bodensee, Michael Nothhelfer, Säntisstrasse 52b, D-7770 Überlingen, Telefon 0 75 51-6 44 06 und 6 45 85.

Lehm und High-Tech-Lösungen: Ultraleicht und bockstark

Der Stuttgarter Professor Peter Hübner tüftelte zusammen mit Möglinger Jugendlichen das «Jufo», das künftige Jugendhaus, aus. Es soll nicht nur in seiner Form, sondern auch sprachlich an ein unbekanntes Flugobjekt erinnern, das in der kleinen Gemeinde niederschwebte. Für die Projektleiter kommt die Leichtkonstruktion einer minimierten, materialsparenden und rohstoffschonenden Lösung gleich. Das an eine fliegende Untertasse erinnernde Gehäuse ruht auf neun Federbeinen. Kernstück ist das «Sonnenauge», eine Linse im Dachaufsatz, pneumatisch tiefgezogen, aus einer 0,23 Millimeter dünnen Edelstahlmembrane, dreidimensional verformt und mit Styroporgranulat wärmegedämmt. Das «Sonnenauge» dreht sich in 24 Stunden einmal um seine Achse und fängt so die maximale Sonnenkraft ein. Das «Auge» folgt der Sonnenbahn und wendet sich winters mit seinen kleinsten und sommers mit seinen grössten Glasflächen der Sonne zu.

Die Impulse «für das Leben und Überleben in dieser Welt», so Peter Hübner, sollen jedoch nicht nur von der Technik, sondern auch «vom Urmaterial allen irdischen Bauens», dem Lehm, kommen. Unter dem grossen, schützenden Dach bauen die Jugendlichen mit Lehm ihr eigentliches Haus, ein Jugendhaus in Leichtbauweise mit einem schweren, wärmespeichernden inneren Kern aus Lehmsteinen und Massivlehm – «ultraleicht und bockstark», wie es Peter Hübner nennt.

Für Lehmbauer bleiben viele Fragen offen, vor allem die, ob Lehm unter einer hochwärmegedämmten Hülle nicht seiner wesentlichen Qualitäten beraubt wird. Immerhin – weltweit eine Kuriosität ist auch dies eine Möglichkeit, mit Lehm zu bauen.

Jugendhaus Möglingen
Architekt: plus+, Prof. Peter Hübner,
Dr. Ing. Gass, D-7449 Neckartenzlingen
Tragwerksplanung: Prof. Schlaich,
Bergermann + Partner, D-7000 Stuttgart 1

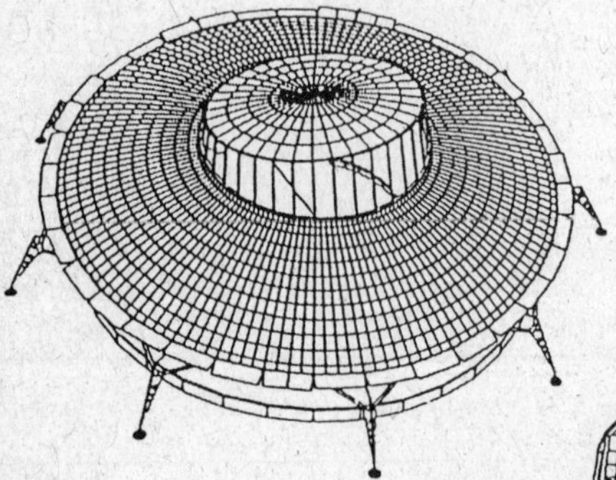

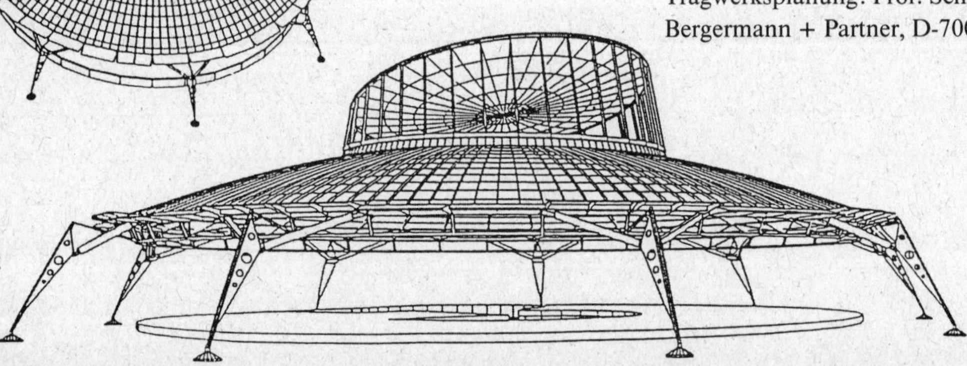

Gemeinschaftlich schöpferisches Tun – Marmor, Stein und Eisen bricht, aber unser Lehm reisst nicht

«Was können noch so gross angelegte Demonstrationen und Ausstellungen alternativer Konzepte, Objekte und Architekturen bewirken und bewegen, wenn nicht gleichzeitig mit diesen Gebilden, bei ihrem Entstehen und Betreiben die konkrete Vorwegnahme und versuchte Verwirklichung gemeinschaftlich schöpferischen Lebens eine Kultivierung und Ritualisierung des Alltags und der Arbeit zum Ausdruck kommt? Wenn nicht gleichzeitig auch kommunikativere, lustvollere Weisen der Arbeit und des Lebens modellhaft erlebt werden?

Wir sind der Meinung, dass erst die Einheit von Kunst–Bauen–Leben, die Gleichzeitigkeit von ästhetischen, technischen und sozialen Prozessen das Bauen wieder zu einer menschlich erbaulichen Tätigkeit machen kann. Dass das Verständnis für diese Einheit und die Kraft zur Befreiung und Auflehnung sich auch in diesem klassisch-konservierten Gestaltungsbereich auswirken kann.

Leider werden in Lehmbaufachkreisen die Schwundrisse im Lehm als die grösseren Herstellungsprobleme betrachtet als der Schwund und

Pyritzen, ein bewohnbarer Lärmschutzwall aus Stroh, Rundholz und Lehm: Lebensfroher Bauspielplatz für lehmiges Gemeinschaftsbauen.

Lehmstatue, von Kindern in Thielle am Neuenburgersee errichtet.

Lehm bietet ideale Möglichkeiten zur künstlerischen Gestaltung.

Stimmungsvolles Detail eines im Lehmbroteverfahren errichteten Hauses.

die Risse quer durch die Gruppe der Handwerker und Werkenden. Als Ausdruck dieser allerorts verbreiteten Überbewertung technischer Aspekte vor sozialen seien hier technische Fragen einmal ausgeklammert. Keine Veröffentlichung behandelt und problematisiert dagegen die prozessualen Aspekte: verschiedene Formen der Zusammenarbeit und der Arbeitsorganisation. Ob die Arbeit mit Lehm und Naturmaterialien mechanisch, instrumentell oder manuell, würdevoll und wertvoll im Hinblick auf die Bereicherung der daran Beteiligten oder im Gegensatz dazu zur Abstumpfung, Entfremdung und Verarmung der Tätigen beiträgt.

Unsere vielleicht – oder sicherlich – mit übertriebener Impertinenz geforderte Verbindung bautechnischer Innovationen mit sozialer Phantasie, neuer Bauweisen mit neuen Lebensformen, stiess auch beim alternativen Kreis von Lehmbauern auf wenig Verständnis. Unser Konzept eines räumlichen Zusammenhangs konnte sich gegen die individuellen und isolierten Einzelinitiativen nicht durchsetzen. Der experimentelle Selbstbau und die materialbezogene Gesinnungsverwandtschaft reichte zu einer spielerischen und sozialen und räumlichen Einheit nicht aus.»

Marcel Kalberer in:
«Rock'n'Roll der Architektur»,
Sanfte Strukturen, Im Wald 7,
D-7796 Heggelbach-Herdwangen.

Adressen Deutschland

Fachberatung und Planung im Lehmbau

Architekturbüro plus, Prof. Peter Hübner, Siegfried Gass, Goethestrasse 44, 7449 Neckartenzlingen, Tel. 0 71 27/37 74

Architekturbüro Baumeister, Grabenstrasse 17, 8702 Waldbrunn, Tel. 0 93 06/83 44

Architekturbüro Norbert Elbeshausen, Hovesaatstrasse (beim TAT), 4440 Rheine, Tel. 0 59 71/99 01 95

Architekturbüro Reinhold Rönz, Ortstrasse 26, 7298 Lössburg-Schömberg, Tel. 0 74 46/31 86

Bau-Atelier Dipl.-Ing. Johannes Uphoff, Am Forst 2, 2907 Huntlosen, Tel. 0 44 87/15 67

Denkum Gesellschaft für innovative und baubiologische Bauten mbH i. Gr., Am Berlin Museum 3, 1000 Berlin 61, Tel. 0 30/2 51 29 84

Energieladen Köln GmbH, Olpener Strasse 616, 5000 Köln 91, Tel. 02 21/8 90 20 33

Eiwa-Lehmprodukte, Rudolf-Breitscheid-Strasse 52, 6750 Kaiserslautern, Tel. 06 31/2 15 68

Erdwerk-Lehmbau Norbert Poll, Kronprinzenstrasse 113, 4000 Düsseldorf, Tel. 02 11/9 30 47 38

Fütterer & Partner, Martin-Luther-Strasse 4, 4300 Essen, Tel. 0 20 54/40 00

Architekturbüro Georg Conradi + Partner, Albertstrasse 9, 3000 Hannover 91, Tel. 05 11/44 41 42, Fax 05 11/44 71 09

Hasko-Bau, Umweltfreundliche Bautechnik GmbH, Eleonorenstrasse 19, 3000 Hannover 91, Tel. 05 11/45 72 67

Dipl.-Ing. Heiner Lippe, im Institut für Bauforschung an der Markuskirche 1, 3000 Hannover 1, Tel. 05 11/66 10 96-97, Fax 05 11/69 10 98

Institut für Baubiologie und Ökologie, Prof. Anton Schneider, Holzham 25, 8201 Neubeuern, Tel. 0 80 35/20 39 (Wohnung + Gesundheit, Fachzeitschrift für ökologisches Bauen + Leben)

Institut Lehmbau, Benediktstrasse 22, 8911 Weil-Beuerbach, Tel. 0 81 95/7 58

Institut für ökologische Architektur und Stadtplanung e. V., Breibergstrasse 2, 5000 Köln 41, Tel. 02 21/42 64 68

Kreidezeit, Gerd Ziesemann, Beyesberg 8, 3201 Sehlem, Tel. 0 50 60/61 97

Kornhof e. V., Dorstrasse 34, 2427 Malkwitz, Tel./Fax 0 45 23/59 44

Lehm & Stein, Christian Köllner, Brücklesweg 7, 8716 Dettelbach-Schernau, Tel. 0 93 24/47 13

Nordische Naturbau GmbH, Schwienholm 4, 2381 Havetoftloit, Tel. 0 46 23/14 90 oder 0 46 41/33 02

Öbik e. V., Dorstr. 34, O-2301 Krummenhagen, Tel./Fax 0 38/327-275 oder -204

Ökologie in der Regio, Zentrale, Metzgergasse 6, 7814 Breisach, Tel. 0 76 67/71 90, Fax 0 76 67/8 03 25 (Strohlehmsteine, Lehmfertighäuser, Bausatzhäuser für Selbstbauer, Seminare, Lehmputze, Selbstbau mit Lehm/Denkmalpflege)

Ökologisch Bauen und Wohnen Schleswig-Holstein e. V., Arbeitsgruppe Lehmbau, Dankwartsgrube 35, 2400 Lübeck, Tel. 04 51/15 13 07

Ökologie in der Regio Schleswig-Holstein, Timmerberg 22, 2300 Kiel 1, Tel./Fax 04 31/33 69 71 (Strohlehmsteine, Lehmfertighäuser, Bausatzhäuser für Selbstbauer, Seminare, Lehmputze)

Ökologie in der Regio Bodensee, Planungsabteilung, Michael Nothhelfer, Säntisstrasse 52b, 7770 Überlingen, Tel. 0 75 51/6 44 06 oder 6 45 85, (Lehmfertighäuser, Bausatzhäuser für Selbstbauer)

Ökologie in der Regio, Büro Rhein/Main, Frankfurter Strasse 16, 6369 Schöneck-Kilianstädten, Tel. 0 61 87/66 08 oder 9 12 31, Fax 9 12 80 (Strohlehmsteine, Lehmfertighäuser, Bausatzhäuser für Selbstbauer, Seminare, Lehmputze)

Prof. Dr. Gernot Minke, Planungsbüro für ökologisches Bauen, Am Wasserturm 1, 3500 Kassel, Tel. 05 61/88 30 50

Planungsbüro Alpaslan-Buhmüller, Schlossstrasse 15, 7951 Mittelbiberach, Tel. 0 73 51/60 28

Röver, Manfred, Dipl.-Ing., Am Salinenplatz 3, 4054 Apelern ot Soldorf, Tel. 0 57 23/38 45

Siessmeier, Hermann J., Baubiologisches Planungsbüro, Reichenwallerstrasse 14, 8948 Mindelheim, Tel. 0 82 61/64 99

Weil, Thomas, Dipl.-Ing. Architekt, Leopoldstrasse 77, 8000 München 40, Tel. 089/33 34 66

Zuber, Willi, Ing.-Büro, Vor der Horst 26, 6208 Bad Schwalbach, Tel. 0 61 24/44 02

Fachhändler für Lehmbau und Naturbaustoffe

BAU GmbH, Alpaslan-Buhmüller, Schlossstrasse 15, 7951 Mittelbiberach, Tel. 0 73 51/60 28

Denkum Gesellschaft für innovative und baubiologische Bauten mbH i. Gr., Am Berlin Museum 3, 1000 Berlin 61, Tel. 0 30/2 51 29 84

Der Rheine Naturbauladen, Hovesaatstrasse (beim TAT), 4440 Rheine, Tel. 0 59 71/99 01 70

Döpfner, Armin, Stukkateurmeister, Stephansberger Weg 21, 8719 Schwarzach, Tel. 0 93 24/7 85

Energieladen Köln GmbH, Olpener Strasse 616, 5000 Köln 91, Tel. 02 21/8 90 20 33 (Lehmbau/Fachwerksanierung)

Erdwerk-Lehmbau Norbert Poll, Kronprinzenstrasse 113, 4000 Düsseldorf, Tel. 02 11/9 30 47 38

Fehring Fa., Herrn Fischer oder Herrn Jehle, Auweg 27, 7890 Waldshut-Tiengen 1, Tel. 0 77 51/13 73 (Bezugsquelle für Holzhackschnitzel, bundesweite Lieferung, auch Schweiz, Holland, Frankreich, für Anwendung bei Holzleichtlehm)

Kornhof e. V., Dorfstrasse 34, 2427 Malkwitz, Tel./Fax 0 45 23/59 44

Kreidezeit Gerd Ziesemann, Beyesberg 8, 3201 Sehlem, Tel. 0 50 60/61 97

Lehmbau Peter Breidenbach, Nettetalerstrasse 106, 4060 Viersen 11, Tel. 0 21 53/6 03 60

Naturhaus und Bio-Baumarkt Waldemar Eider, Rudolf-Breitscheid-Strasse 52, 6750 Kaiserslautern, Tel. 06 31/2 15 68

Öbik e. V., Dorstr. 34, O-2301 Krummenhagen, Tel./Fax 0 38/327-275 oder -204

Ökologie in der Regio, Zentrale, Metzgergasse 6, 7814 Breisach, Tel. 0 76 67/71 90, Fax 0 76 67/8 03 25 (Strohlehmsteine, Lehmfertighäuser, Bausatzhäuser für Selbstbauer, Seminare, Lehmputze, Selbstbau mit Lehm/Denkmalpflege)

Ökologie in der Regio Schleswig-Holstein, Timmerberg 22, 2300 Kiel 1, Tel./Fax 04 31/33 69 71 (Strohlehmsteine, Lehmfertighäuser, Bausatzhäuser für Selbstbauer, Seminare, Lehmputze)

Ulrich Möllinger, Im Gewerbegebiet 5, 7825 Lenzkirch, Tel. 0 76 53/91 69, Fax 0 76 53/94 56

Ökologie in der Regio Bodensee, Michael Nothhelfer, Säntisstrasse 52b, 7770 Überlingen, Tel. 0 75 51/6 44 06 oder 6 45 85, (Strohlehmsteine, Bausatzhäuser für Selbstbauer, Seminare)

Ökologie in der Regio, Büro Rhein/Main, Frankfurter Strasse 16, 6369 Schöneck-Kilianstädten, Tel. 0 61 87/66 08 oder 9 12 31, Fax 9 12 80 (Strohlehmsteine, Lehmfertighäuser, Bausatzhäuser für Selbstbauer, Seminare, Lehmputze)

Roschy Joachim, Biologische Baustoffe, Alt Bossel 5a, 4322 Sprockhövel 1, Tel. 0 23 24/7 86 75

V. Ö. B., Vertriebsgesellschaft für ökologische Baustoffe mbH, Langenscheidtstrasse 12, 1000 Berlin 62, Tel. 0 30/7 84 30 29

Zuber, Willi, Ing.-Büro, Vor der Horst 26, 6208 Bad Schwalbach 8, Tel. 0 61 24/44 02

Fachbetriebe für Lehmbauarbeiten

Döpfner, Armin, Stukkateurmeister, Stephansberger Weg 21, 8719 Schwarzach, Tel. 0 93 24/7 85

Energieladen Köln GmbH, Olpener Strasse 616, 5000 Köln 91, Tel. 02 21/8 90 20 33

Erdwerk-Lehmbau Norbert Poll, Kronprinzenstrasse 113, 4000 Düsseldorf, Tel. 02 11/9 30 47 38

Hasko Bau, Umweltfreundliche Bautechnik GmbH, Eleonorenstrasse 19, 3000 Hannover 91, Tel. 05 11/45 72 67

Holz & Naturbau GmbH, Bühnertstrasse 75, 4440 Rheine, Tel. 0 95 71/34 05

Institut Lehmbau, Benediktstrasse 22, 8911 Weil-Beuerbach, Tel. 0 81 95/7 58

Kornhof e. V., Dorstrasse 34, 2427 Malkwitz, Tel./Fax 0 45 23/59 44

Kreutzfeld-Schablow, Jürgen, Reichenauer Strasse 186, 7750 Konstanz, Tel. 0 75 31/5 26 82

Lehmbau Peter Breidenbach, Nettetalerstrasse 106, 4060 Viersen 11, Tel. 0 21 53/6 03 60

Nordische Naturbau GmbH, Schwienholm 4, 2381 Havetoftloit, Tel. 0 46 23/14 90 oder 0 46 41/33 02

Öbik e. V., Dorfstrasse 34, O-2301 Krummenhagen, Tel. 0 38/327-275 oder -204

Ökologie in der Regio Schleswig-Holstein, Hans Baumann, Timmerberg 22, 2300 Kiel 1, Tel./Fax 04 31/33 69 71

Ökologie in der Regio, Büro Rhein/Main, Frankfurter Strasse 16, 6369 Schöneck-Kilianstädten, Tel. 0 61 87/66 08 + 9 12 31, Fax 9 12 80

Lehmbau Gerhard Wilhelm, Eulbuschgasse 16, 6735 Maikammer, Tel. 0 63 21/5 85 82

Ökologie in der Regio, Zentrale, Metzgergasse 6, 7814 Breisach, Tel. 0 76 67/71 90, Fax 0 76 67/8 03 25 (Strohlehmsteine, Lehmfertighäuser, Bausatzhäuser für Selbstbauer, Seminare, Lehmputze, Selbstbau mit Lehm/Denkmalpflege)

Terra Nova, Auf der Höchens, 2733 Westertimke, Tel. 0 42 89/7 89

Zuber Willi, Ing.-Büro, Vor der Horst 26, 6208 Bad Schwalbach, Tel. 0 61 24/44 02

Baustoffrecycling

- Blöcher Martin, Historisches Baustoffrecycling, Alte Ziegelei, 4920 Lemgo-Entrup, Tel. 0 52 61/1 38 80 (Auch ganze Fachwerkhäuser mit Aufbereitung und Lieferservice)
- Holznagel Historische Baustoffe, Friedhofstrasse 4, 7820 Titisee-Neustadt, Tel. 0 76 51/38 08
- Krause Historische Baustoffe, Rüttihofstrasse 1, 7609 Hohberg-Diersburg, Tel. 0 78 08/32 29
- Langenbeck Florian, Nimburger Strasse 3a, 7800 Freiburg-Hochdorf, Tel. 0 76 65/47 37
- Rieger Peter, Tiefensteinerstrasse 7, 7892 Albbruck-Etzwihl, Tel. 0 77 53/6 07
- Ökologie in der Regio, Zentrale, Metzgergasse 6, 7814 Breisach, Tel. 0 76 67/71 90, Fax 8 03 25

Adressen ausserhalb Deutschlands

Lehmbaufachberatung

Belgien:
Schopmann, André, Dorpstraat 17,
B-3792 St. Pieters-Oeren, Tel. 0 74/66 23 37

Frankreich/Elsass:
Architekturbüro Jost, Roger,
F-67220 Triembach-au-Val, Tel. 0 88/57 15 90
oder 57 26 26

Fa. ECOFA Weber, Daniel, 10, rue du Bernstein,
F-67650 Dambach-La-Ville, Tel. 0 88/92 49 92
oder 92 48 94

Holland:
Lehmbauverein ZW 2000, Herr Colder,
p/a Pyrmontstraat 27, NL-7513 BN Enschede,
Tel. 0 53/30 70 94 oder 31 86 57

Schweiz:
Baugemeinschaft Höschgasse, Wolf, Paul,
Höschgasse 64, CH-8008 Zürich,
Tel. 01/383 07 11

Ehrenzeller, Peter, Blumengasse,
CH-8330 Auslikon, Tel. 01/950 57 64
(Lehmofenbau)

Ökozentrum Schattweid,
CH-6114 Steinhuserberg, Tel. 041/71 17 93 oder
71 17 94

Fischer, Roger, Wissenbachstrasse 14,
CH-8932-Mettmenstetten, Tel. 01/768 23 64

Reusser, Andi, Hauptstrasse 101,
CH-4565 Recherswil, Tel. 065/35 65 38

Rohner, Hansruedi, Chamerstrasse 669,
CH-8934 Knonau, Tel. 01/767 14 22

Schweizerisches Institut für Baubiologie (SIB),
St.-Galler-Strasse 28, CH-9230 Flawil,
Tel. 071/83 22 55

IG Lehm, Fachgruppe SIB, Bahnhofstrasse 96,
CH-8196 Wil ZH, Tel. 01/869 07 68

Sturzenegger, Ernst, Hügelstrasse 4,
CH-9000 St. Gallen, Tel. 071/24 52 92

Planungs- und Beratungsbüro für Lehm- und
Naturbauweisen, Garajek und Meier-Junginger,
Spinnereiweg 17, CH-3004 Bern,
Tel. 031/24 81 60

Kreidezeit Naturfarben und Holzbehandlungen:
Carlo Vagnières, Riedmattstrasse 8,
CH-8055 Zürich, Tel. 01/463 72 00,
Fax 01/462 09 96

Österreich:
Österreichisches Institut für Baubiologie,
Landstrasser Hauptstrasse 67, A-1030 Wien,
Tel. 02 22/7 13 37 93

Rauch, Martin, Werkstätte für Keramik und
Lehmbau, Quadererstrasse 14, A-6824 Schlins,
Tel. 0 55 24/83 27

Treffpunkt Lehmbau, Grossharras 228,
A-2034 Grossharras, Tel. 0 25 26/68 04

Lehmbaustoffhändler

Belgien:
Schopmann, André, Dorpstraat 17,
B-3792 St. Pieters-Oeren, Tel. 0 74/66 23 37

Dänemark (DK):
Jens Ytzen Aps, Saedding Ringvej 21,
DK-6710 Esbjerg V, Tel. 075/15 31 33,
Fax 075/15 30 03

Frankreich/Elsass:
Fa. Ecofa, Weber, Daniel, 10, rue du Bernstein,
F-67650 Dambach-La-Ville, Tel. 0 88/92 49 92,
Fax 92 48 94

Holland:
Lehmbauverein ZW 2000, Herr Colder, p/a
Pyrmontstraat 27, NL-7513 BN Enschede,
Tel. 0 53/30 70 94 oder 31 86 57

Österreich:
Treffpunkt Lehmbau, Grossharras 228,
A-2034 Grossharras, Tel. 025 26/68 04

Schweiz:
Albinat AG, Hauptstrasse 66, CH-8572 Berg,
Tel. 072/46 22 33

Bio Bau Zentrum BBZ AG, Naturbaustoffe,
Melchnaustrasse 5, CH-4900 Langenthal,
Tel. 063/22 47 20, Fax 063/22 48 00

Empfehlenswerte Literatur

Sieber, Heinz G. (Hg.): Baustoff Lehm, Sammlung Lehmbau-Verfahren, Verlag C. F. Müller, Karlsruhe

McHenry, Jr., Graham, Paul: Adobe and rammed earth buildings, The University of Arizona Press, USA-Tucson, Arizona

Niemeyer, Richard: Der Lehmbau und seine praktische Anwendung, Öko-Buchverlag, Staufen

Minke, Gernot: Bauen mit Lehm, Aktuelle Berichte aus Praxis und Forschung, Heft 1–6, Öko-Buchverlag, Staufen

Schneider, Jürgen: Am Anfang war die Erde. Sanfter Baustoff Lehm, Frankfurt/Köln 1985

Keppler/Lemcke: Mit Lehm gebaut, Block-Verlag, Münchem 1986

Wichmann, Hans (Hg.): Architektur der Vergänglichkeit. Lehmbauten der dritten Welt, Birkhäuser Verlag, Basel

Dethier, Jean: Lehmarchitektur, Ausstellungskatalog, Prestel-Verlag, München 1982

Volhard, Franz: Leichtlehmbau. Alter Baustoff, neue Technik, C. F. Müller Verlag, Karlsruhe

Stein, Ingolf/Leszner Tamara: Lehmfachwerk, Rudolf Müller Verlag, 1987 (zu beziehen über Ökologie in der Regio)

Lehmbau-Lehrerhandreichung für Berufsschulen, von Ökologie in der Regio.

Zeitschriften

- Wohnung + Gesundheit, Fachzeitschrift für ökologisches Bauen + Leben , Institut für Baubiologie und Ökologie, Prof. Dr. Anton Schneider, Holzham 25, D-8201 Neubeuern, Tel. 0 80 35/20 39.
- Baubiologie, Fachzeitschrift des SIB und IBO, Schweizerisches Institut für Baubiologie (SIB), St.-Galler-Strasse 28, CH-9230 Flawil, Tel. 071/83 22 55 (8–12 Uhr).
- Österreichisches Institut für Baubiologie, Landstrasser Hauptstrasse 67, A-1030 Wien, Tel. 02 22/713 37 93.
- Gesundes Bauen und Wohnen. Fachzeitschrift für Baubiologie + Bauökologie, Bundesverband Gesundes Bauen und Wohnen e. V., Postfach 1543, D-3300 Braunschweig, Tel. 05 21/35 28 51.
- Das Alternative Branchenbuch, Ausgaben Deutschland und Schweiz, Altop, Gotzinger Strasse 48, D-8000 München 70, Tel. 089/725 80 43.
- Natürlich, Bahnhofstrasse 39, CH-5000 Aarau, Tel. 064/26 63 52